基于 ROS 的机器人理论与应用

(第二版)

张立伟　何炳蔚　张建伟　著

科 学 出 版 社

北 京

内 容 简 介

ROS 是建立在开源操作系统 Ubuntu 系统之上的开源的机器人操作系统，其主要目标是为机器人研究和开发提供代码复用的支持。它提供了操作系统应有的服务，包括硬件抽象、底层设备控制、共用功能的执行、进程间消息传递，以及包管理。ROS 的官方网站也提供了各种支持文档，相关资源构成了一个强大的生态系统，使得学习和使用 ROS 非常方便。

本书中所有代码以 ROS Noetic Ninjemys 和 ROS Melodic Morenia 版本进行调试。作者希望通过介绍 ROS 和实际机器人为平台，展示机器人主要功能模块涉及的相关理论和应用场景。

本书可作为机器人研究者和爱好者应用ROS构建机器人软件系统的参考手册，也可以做高年级本科生和研究生的参考书。

图书在版编目(CIP)数据

基于 ROS 的机器人理论与应用/张立伟，何炳蔚，张建伟著. —2 版. —北京：科学出版社，2022.10

ISBN 978-7-03-072620-9

Ⅰ. ①基… Ⅱ. ①张… ②何… ③张… Ⅲ. ①机器人-操作系统-程序设计 Ⅳ. ①TP242

中国版本图书馆 CIP 数据核字（2022）第 105475 号

责任编辑：任 静 / 责任校对：胡小洁
责任印制：师艳茹 / 封面设计：迷底书装

科 学 出 版 社 出版
北京东黄城根北街 16 号
邮政编码：100717
http://www.sciencep.com
北京九天鸿程印刷有限责任公司 印刷
科学出版社发行 各地新华书店经销
*
2017 年 6 月第 一 版 开本：720 × 1000 B5
2022 年 10 月第 二 版 印张：15 1/4
2022 年 10 月第一次印刷 字数：307 000

定价：138.00 元

(如有印装质量问题，我社负责调换)

前　言

截至本书成稿时，开源机器人操作系统 ROS(Robot Operating System) 已经发布了第十三个版本 ROS Noetic Ninjemys，ROS 也成为机器人研发领域的通用性软件平台。

它具有点对点设计、不依赖编程语言、开源等优点，很快在机器人研究和工业领域得到广泛应用。另外，ROS 官方网站提供了各种支持文档，提供了一套“一站式”的方案使得用户得以搜索并学习全球开发者共享的开源程序包。

笔者自 2010 年 ROS 发布伊始，就开始使用 ROS，积累了大量的使用心得和研发经验。全书内容共分 7 章，覆盖了 ROS 和机器人的主要功能模块。同时，在讲解相关使用方法之后，也会给出在实际通用机器人平台 (如 TurtleBot2) 上的运行示例，以方便读者研究和学习。

全书结构清晰、合理，语言浅显易懂。可以作为广大从事机器人、人工智能、计算机视觉等相关领域的科研人员的参考书，也可以作为研究生及高年级本科生的参考书。

作者在这里首先感谢那些为本书的出版提供了意见、支持和帮助的人。同时作者感谢福州大学机械工程及自动化学院和汉堡大学多模式研究所的同事和同学提供的帮助和支持。

本书相关研究获得国家自然科学基金 (项目编号：61673115) 和中德跨区域协同研究中心重大国际合作计划项目 SFB TRR169 (DFG/NSFC funded joint-project “Cross-Modal Learning” under contract Sonderforschungsbereich Transregio 169) 资助。

由于作者水平有限，书中难免存在不足之处，恳请广大读者和同行批评指正。

目　　录

第 1 章 ROS 简介

ROS(Robot Operating System) [1–12] 是一个适用于机器人的开源的元操作系统。ROS 的主要设计目标是便于机器人研发过程中的代码复用。它提供了操作系统[13–17] 应有的服务，包括硬件抽象、底层设备控制、共用功能的执行、进程间消息传递，以及包管理。

它也提供用于获取、编译、编写和跨计算机运行代码所需的工具和库函数。ROS 的主要目标是为机器人研究和开发提供代码复用的支持。ROS 是一个分布式的进程框架，这些进程被封装在易于被分享和发布的功能包 (package) 中。ROS 支持一种类似于代码储存库的联合系统，这个系统也可以实现工程的协作及发布。这个设计可以使一个项目的开发和实现从文件系统到用户接口完全独立决策。同时，所有的项目都可以与 ROS 的库和基础工具整合在一起。

ROS 相较于其他机器人操作系统的主要特点有以下几条：

(1) 通道：ROS 提供了一种发布–订阅式的通信框架用以简单、快速地构建分布式计算系统。

(2) 仿真和数据可视化工具：ROS 提供了大量的仿真和数据可视化工具组合用以配置、启动、自检、调试、可视化、登录、测试、终止系统。

(3) 强大的库：ROS 提供了大量的库文件 (如 roscpp，rospy[18,19]) 实现了自主移动、操作物体、感知环境等功能。

(4) 生态系统：ROS 的支持与发展构成了一个强大的生态系统。官方网站 (www.ros.org) 提供了各种支持文档，提供了一套“一站式”的方案使得用户得以搜索并学习全球开发者共享的开源程序包。

1.1 ROS 的历史

ROS 系统最早源于 2007 年斯坦福大学人工智能实验室的 STAIR 项目与机器人技术公司 Willow Garage 的个人机器人项目 (Personal Robotics Program) 之间的合作，2008 年之后由 Willow Garage 公司推动其发展。目前稳定版本情况如下：

(1) ROS Noetic Ninjemys。2020 年 5 月 23 日发布 (其 Logo 见图 1.1)。

(2) ROS Melodic Morenia。2018 年 5 月 23 日发布 (其 Logo 见图 1.2)。

图 1.1 ROS 版本 Noetic

图 1.2 ROS 版本 Melodic

(3) ROS Lunar Loggerhead。2017 年 5 月 23 日发布 (其 Logo 见图 1.3)。

(4) ROS Kinetic Kame。2016 年 5 月 23 日发布 (其 Logo 见图 1.4)。

图 1.3 ROS 版本 Lunar

图 1.4 ROS 版本 Kinetic

(5) ROS Jade Turtle。2015 年 5 月 23 日发布 (其 Logo 见图 1.5)。

(6) ROS Indigo Igloo。2014 年 7 月 22 日发布 (其 Logo 见图 1.6)。

图 1.5 ROS 版本 Jade

图 1.6 ROS 版本 Indigo

(7) ROS Hydro Medusa。2013 年 9 月 4 日发布 (其 Logo 见图 1.7)。

(8) ROS Groovy Galapagos。2012 年 12 月 31 日发布 (其 Logo 见图 1.8)。

(9) ROS Fuerte Turtle。2012 年 4 月 23 日发布 (其 Logo 见图 1.9)。

图 1.7 ROS 版本 Hydro

图 1.8 ROS 版本 Groovy

图 1.9 ROS 版本 Fuerte

(10) ROS Electric Emys。2011 年 8 月 30 日发布 (其 Logo 见图 1.10)。

(11) ROS Diamondback。2011 年 3 月 2 日发布 (其 Logo 见图 1.11)。

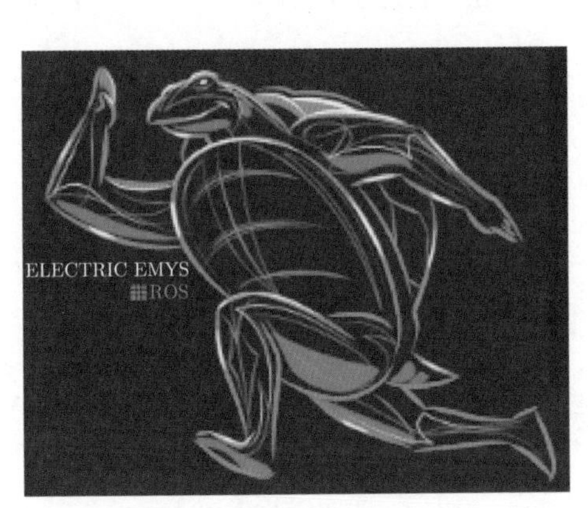

图 1.10 ROS 版本 Electric

图 1.11 ROS 版本 Diamondback

(12) ROS C Turtle。2010 年 8 月 2 日发布 (其 Logo 见图 1.12)。

(13) ROS Box Turtle。2010 年 3 月 2 日发布 (其 Logo 见图 1.13)。

图 1.12　ROS 版本 C Turtle

图 1.13　ROS 版本 Box Turtle

1.2　ROS 安装

ROS 目前支持的操作系统有：Ubuntu[20,21]、OS X、Arch、Federa、Gentoo、OpenSUSE、Slackware、Debian。另外，还可以在 Windows 和 FreeBSD 上安装部分功能。由于 ROS 主要支持 Ubuntu 操作系统，因此，本书以 Ubuntu 操作系统下的安装及使用为例，详细描述 ROS 的安装方法。

1.2.1　ROS Melodic 安装

本小节以 ROS Melodic Morenia 在 Ubuntu 18.04 LTS[20,21] 上面安装为例，介绍 ROS 安装过程。

1. 配置 Ubuntu 系统

配置 Ubuntu repositories 为 “restricted”，“universe” 和 “multiverse”。

2. 配置 sources.list

设置计算机使得可以从 ROS.org 接收软件。

```
sudo sh -c 'echo "deb http://packages.ros.org/ros/ubuntu (lsb_release -sc)
main" > /etc/apt/sources.list.d/ros-latest.list'
```

3. 设置 keys

```
sudo apt install curl
curl -s https://raw.githubusercontent.com/ros/
rosdistro/master/ros.asc | sudo apt-key add -
```

4. 安装

重新定向 ROS 服务器：`sudo apt-get update`

下面提供四种版本的安装命令：

(1) 桌面完全版安装 (推荐安装)：ROS、rx、rviz、robot-generic 库、2D/3D simulators、navigation 和 2D/3D perception。

```
sudo apt-get install ros-melodic-desktop-full
```

(2) 桌面版安装：ROS、rx、rviz 和 robot-generic 库。

```
sudo apt-get install ros-melodic-desktop
```

(3) ROS-Base：ROS 主要功能包、build 和 communication 库。不安装 GUI 工具。

```
sudo apt-get install ros-melodic-ros-comm
```

(4) 独立的功能包集：用户也可以安装特定的 ROS 功能包集。

```
sudo apt-get install ros-melodic-STACK
```

例子：

```
sudo apt-get install ros-melodic-slam-gmapping
```

5. 环境设置

环境变量设置是为了每次一个新的 shell 被调用的时候，ROS 的环境变量自动被加入到用户的 bash session 中。

```
echo "source /opt/ros/melodic/setup.bash" >> ~/.bashrc. ~/.bashrc
```

如果安装了不止一个版本的 ROS，~/.bashrc 必须是当前使用版本的唯一源 setup.bash。

如果需要修改当前 shell 的环境，可以使用下面命令：

```
source /opt/ros/melodic/setup.bash
```

1.2.2 ROS Noetic 安装

本小节以 ROS Noetic Ninjemys 在 Ubuntu 20.04 LTS[20, 21] 上面的安装为例，介绍 ROS 安装过程。

1. 配置 Ubuntu 系统

配置 Ubuntu repositories 为 “restricted”“universe” 和 “multiverse”。

2. 配置 sources.list

设置计算机使得可以从 ROS.org 接收软件。

```
sudo sh -c 'echo "deb http://packages.ros.org/ros/ubuntu (lsb_release -sc)
main" > /etc/apt/sources.list.d/ros-latest.list'
```

3. 设置 keys

```
sudo apt install curl
curl -s https://raw.githubusercontent.com/ros/
rosdistro/master/ros.asc | sudo apt-key add -
```

4. 安装

重新定向 ROS 服务器：

```
sudo apt-get update
```

ROS 提供四种版本的安装命令：

(1) 桌面完全版安装 (推荐安装)：ROS、rx、rviz、robot-generic 库、2D/3D simulators、navigation 和 2D/3D perception。

```
sudo apt-get install ros-noetic-desktop-full
```

(2) 桌面版安装：ROS、rx、rviz 和 robot-generic 库。

```
sudo apt-get install ros-noetic-desktop
```

(3) ROS-Base：ROS 主要功能包、build 和 communication 库。不安装 GUI 工具。

```
sudo apt-get install ros-noetic-ros-base
```

(4) 独立的功能包集：用户也可以安装特定的 ROS 功能包集。

```
sudo apt-get install ros-noetic-PACKAGE
```

例如：

```
sudo apt-get install ros-noetic-slam-gmapping
```

5. 初始化 rosdep

在使用 ROS 之前，需要初始化 rosdep。

```
sudo rosdep init
rosdep update
```

6. 环境设置

环境变量设置是为了每次一个新的 shell 被调用的时候，ROS 的环境变量自动被加入到用户的 bash session 中。

```
echo "source /opt/ros/noetic/setup.bash" >> ~/.bashrc. ~/.bashrc
```

如果安装了不止一个版本的 ROS，~/.bashrc 必须是当前使用版本的唯一源 setup.bash。

如果需要修改当前 shell 的环境，可以使用下面命令：

```
source /opt/ros/noetic/setup.bash
```

第 2 章　ROS 框架

通过第 1 章中的简单介绍，已经知道 ROS 的一些基本特点：ROS 是一个开源的元级操作系统 (后操作系统)，一些包、软件工具的集合。它跨机器进行通信的体系架构提供了对系统进行实时数据分析、编程语言独立 (C++、Python、Lisp、Java 等) 等功能。它提供类似于操作系统的服务，包括硬件抽象描述、底层驱动程序管理、共用功能的执行、程序间消息传递、程序发行包管理，它也提供一些工具和库用于获取、建立、编写和执行多机融合的程序。本章将对 ROS 的总体框架和基本命令、基本工具进行介绍。

2.1　ROS 总体框架

根据 ROS 系统代码的维护者和分布来标识， ROS 系统代码主要有两大部分，一部分是核心部分，也是主要部分，一般称为 main。主要是开发者来提供设计与维护。它们提供一些分布式计算的基本工具，以及整个 ROS 系统核心部分的程序编写。这部分内容即被存储在计算机的安装文件中。另外一部分是全球范围的代码，被称为 universe，由不同国家的 ROS 社区组织开发和维护。其中包括各种库的代码，如 OpenCV、PCL 等；库的上一层是从功能的角度提供的代码，如人脸识别等，它们调用各种库来实现这些功能；最上层的代码是应用级代码，叫作 apps，可以让机器人完成某一种应用，如去拿啤酒，而这个过程则调用不同功能的代码进行组合，如啤酒的识别、抓取啤酒等。这个过程一般需要用户下载相应的功能包，然后学习和使用。

不过，对于使用者来说，无论是谁提供和维护的代码，用户都可以下载到自己的电脑上，然后进行下一步的工作。还可以从另外的角度来理解 ROS。ROS 系统有三个概念：文件系统级、计算图级、社区级。

2.1.1　文件系统级

ROS 文件系统级指的是可以在硬盘上面查看的 ROS 源代码，包括如下几种形式：

(1) 功能包。功能包是 ROS 中组织软件的主要形式，一个功能包可能包含 ROS 运行过程 (如节点)，一个 ROS 依赖库、数据集、配置文件或者组织在一起的任何其他文件。功能包是 ROS 软件的元级组织形式，它可以包含任何内容：库、工具、可执行文件等。

(2) Manifest。manifest 提供关于功能包的元数据 (metadata)，包括它的许可信息和依赖信息，指定的编程语言信息 (像编译标记)。它是功能包的一种描述。事实上，它的最重要功能是定义功能包之间的依赖关系。

(3) Message(msg) type。消息的描述，定义了 ROS 中发送的消息的数据结构，存储在目录 `my_package/msg/MyMessageType.msg` 下。

(4) Service(srv) type。服务的描述，定义了 ROS 中需求和响应的数据结构，存储在目录 `my_package/srv/MyServiceType.srv` 下。

2.1.2　计算图级

计算图级 (图 2.1) 是 ROS 处理数据的一种点对点的网络形式。程序运行时，所有进程及它们所进行的数据处理，将会通过一种点对点的网络形式表现出来。它们通过节点、节点管理器、主题、服务等来进行表现。ROS 中基本的计算图级概念包括：节点、节点管理器、参数服务器、消息、服务、主题和包。这些概念以各种形式来提供数据。

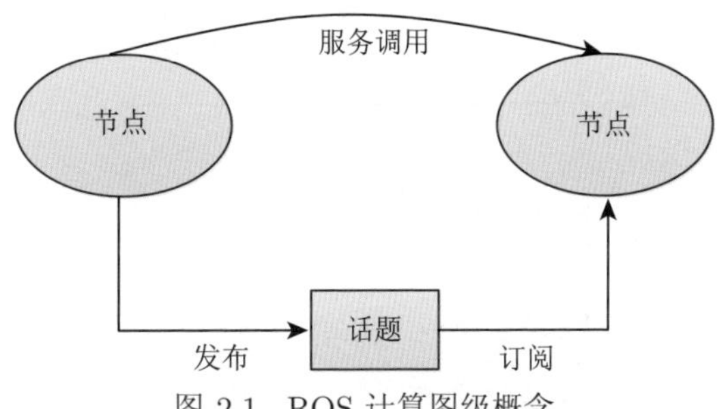

图 2.1　ROS 计算图级概念

另外还有一些基本的 ROS 概念。

(1) 节点。 ROS 节点是用 ROS 客户端库 (如 roscpp、rospy) 写成的执行计算的过程。一个机器人控制系统由很多节点组成，以便在很精细的尺度上模块化。例如，我们可以通过一个节点进行人脸识别，一个节点执行导航，一个节点进行抓取。

(2) 节点管理器。节点之间通过节点管理器进行名称注册和查找。没有节点管理器，节点将不能互相通信或者进行消息交换。

ROS 节点管理器为节点保存主题和服务的注册信息。节点通过与节点管理器通信来报告其注册信息。当这些节点和节点管理器通信时，它们可以接收别的注册节点的信息，并保持通信正常。当这些注册信息改变时，节点管理器也会回调这些节点。节点可以与节点直接相连。节点管理器仅仅提供查找表信息，如 DNS 域名服务器。订阅一个主题的节点将会请求与发布主题的节点进行连接，并确定在一种连接协议上进行连接。

(3) 参数服务器。参数服务器是节点管理器的一部分。

(4) 消息。一个消息是一个由类型域构成的简单的数据结构。消息可以包含任何嵌套的结构和阵列。节点之间通过消息来互相通信。

(5) 主题。消息通过主题进行传送。一个节点通过把消息发送到一个给定的主题来发布一个消息。主题是用于识别消息内容的名称。一个节点对某一类型的数据感兴趣，它只需要订阅相关的主题即可。一个主题可能同时有很多的并发主题发布者和主题订阅者，一个节点可以发布和订阅多个主题。通常情况下，主题发布者和主题订阅者不知道对方的存在。当订阅者发现该信息是它所订阅的，就可以在工作区接收到这个信息。

ROS 中有多个独立的节点，节点之间通过一个发布/订阅的消息系统与其他节点联系。如图 2.2 所示，发布者和订阅者都可以是节点，当一个节点需要广播消息时，它就会发布消息到对应的话题。当一个节点想要接受信息时，它可以订阅所需要的话题。

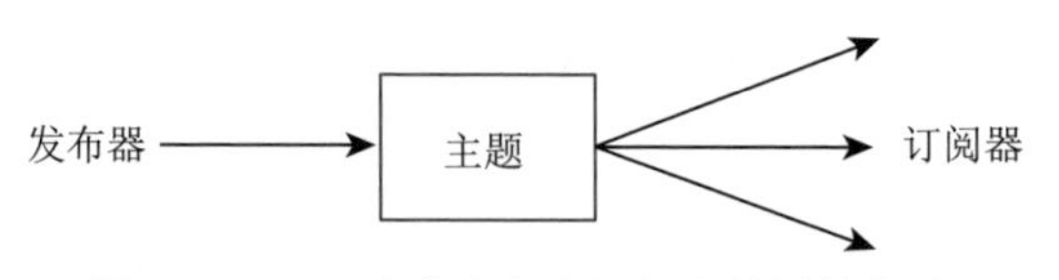

图 2.2 ROS 中发布者和订阅者的通信方式

(6) 服务。发布/订阅模式这种多对多的传输方式不同于请求/回复交互的方式，请求/回复交互的方式通过服务来进行，其中服务被定义为一对消息结构：一个用于请求，一个用于回复。提供节点提供了某种名称的服务，客户通过发送请求信息并等待响应来使用服务。

图 2.3 所示的服务是一个客户端节点发送“请求”的数据到一个服务器节点，并等待回复；服务器节点接收到“请求”后，发送一些称为“回复”的数据给客户端节点。“请求”和“回复”数据携带的特定内容由服务数据类型来决定，类似消息的消息类型，但是服务数据类型分别表示请求和回复。服务与消息的不同之处在于：服务是双向的一对一通信，而消息是单向的一对一或者一对多的通信。

(7) 消息记录包。消息记录包是一种用于保存和回放 ROS 消息数据的格式，是用于检索机器人数据的重要机制。

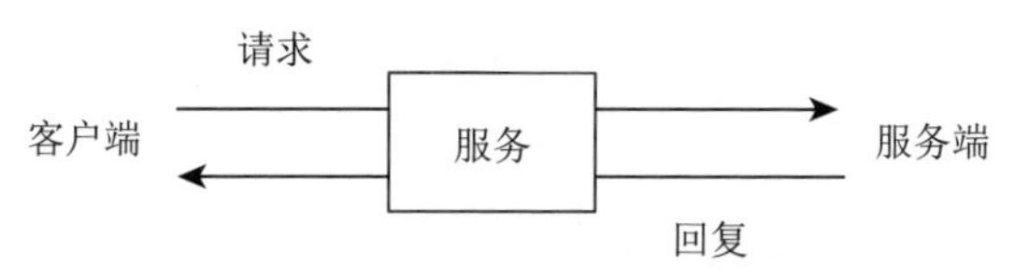

图 2.3 ROS 中客户端和服务端的通信方式

2.1.3 社区级

ROS 社区采用软件仓库的模式来存放代码。这样可以最大限度地提高社区参与度，使得所有感兴趣的开发者和用户都能存放、更新和维护 ROS 代码。软件仓库中的功能包数量随着用户数量增长也在不停增长。

(1) 发行版本。ROS 发行版本是可以用来安装的一系列带有版本号的功能包集合。ROS 发行版本类似于 Linux 的发行版本。

(2) 软件版本仓库。ROS 软件仓库依赖于一个软件版本仓库来组织和更新，用来发展和发布开发者和用户自己的机器人软件组件。

(3) 社区百科。ROS 社区百科是记录 ROS 文档信息的主要论坛。任何开发者和用户可以使用注册账号，发布文档，提供修正或更新、编写教程等功能。网址是 http://wiki.ros.org/。

(4) Bug Ticket System。用户可以提交 ROS Bug 的系统。

(5) 邮件列表。邮件列表是社区主要的通信渠道，用于给用户发送 ROS 更新和提问的更新信息邮件。

(6) ROS 答案。用于提问和回答问题，网址是 http://answers.ros.org/questions/。

2.2 ROS 功能包

一个 ROS 功能包必须包含 package.xml 文件，而这个 package.xml 文件提供了有关功能包的元信息。每个程序包必须包含一个 catkin 版本的 CMakeLists.txt 文件，而 catkin packages 中必须包含一个对 CMakeLists.txt 文件的引用。每个文件夹下只能有一个功能包。这意味着在同一个目录下不能有嵌套的或者多个功能包存在。最简单的功能包如下所示：

```
my_package/
  CMakeLists.txt
  package.xml
```

使用 ROS 功能包的推荐方法是利用 catkin 工作空间，一个简单的工作空间如下所示：

```
workspace_folder/          -- WORKSPACE
  src/                     -- SOURCE SPACE
    CMakeLists.txt         -- 'Toplevel' CMake file, provided by
       catkin
    package_1/
      CMakeLists.txt       -- CMakeLists.txt file for package_1
      package.xml          -- Package manifest for package_1
    ...
    package_n/
      CMakeLists.txt       -- CMakeLists.txt file for package_n
      package.xml          -- Package manifest for package_n
```

下面给出如何创建并编译 ROS 工作空间与功能包。首先创建一个 catkin 工作空间：

```
mkdir -p ~/catkin_ws/src
cd ~/catkin_ws/src
```

即使这个工作空间是空的 (在 src 文件夹中没有任何软件包，只有一个 CMakeLists.txt 链接文件)，我们依然可以编译它：

```
cd ~/catkin_ws/
catkin_make
```

首先切换到之前通过创建 catkin 工作空间中的 src 文件夹下：

```
my_package/
  CMakeLists.txt
  package.xml
```

catkin_make 命令在 catkin 工作空间中是一个非常方便的编译工具。如果查看一下当前目录能看到 build 和 devel 这两个文件夹。在 devel 文件夹里面你可以看到几个 setup.*sh 文件。使用 source 命令可以将当前工作空间设置在 ROS 工作环境的最顶层，更多信息可以参考 catkin 文档。接下来使用 source 命令更新新生成的 setup.*sh 文件：

```
source devel/setup.bash
```

要想保证工作空间已配置正确，需确保 ROS_PACKAGE_PATH 环境变量包含用户的工作空间目录，可以用以下命令查看：

```
echo $ROS_PACKAGE_PATH
/home/<youruser>/catkin_ws/src:/opt/ros/noetic/share:
```

接下来在 catkin 工作空间中创建一个新的 ROS 程序包。首先切换到 catkin 工作空间中的 src 目录下：

```
cd ~/catkin_ws/src
```

现在使用 catkin_create_pkg 命令来创建一个名为 beginne_tutorials 的新功能包，这个功能包依赖于 std_msgs，roscpp 和 rospy：

```
catkin_create_pkg beginner_tutorials std_msgs rospy roscpp
```

这将会创建一个名为 beginner_tutorials 的文件夹，这个文件夹里面包含一个 package.xml 文件和一个 CMakeLists.txt 文件，这两个文件都已经自动包含了部分在执行 catkin_create_pkg 命令时提供的信息。 catkin_create_pkg 命令会要求用户输入 package_name，用户还可以在后面添加一些需要依赖的其他程序包：

```
# This is an example, do not try to run this
# catkin_create_pkg <package_name> [depend1] [depend2] [depend3]
```

catkin_create_pkg 命令也有更多的高级功能，这些功能在 catkin/commands /catkin_create_pkg 中有详细描述。

我们已经创建好了一个 catkin 工作空间和一个名为 beginner_tutorials 的 catkin 程序包。现在切换到 catkin workspace 并查看 src 文件夹：

```
cd ~/catkin_ws/
ls src
beginner_tutorials/  CMakeLists.txt@
```

可以看到一个名为 beginner_tutorials 文件夹，现在可以使用 catkin_make 来编译它：

```
catkin_make
```

可以在终端窗口看到很多 cmake 和 make 输出信息：

```
Base path: /home/user/catkin_ws
Source space: /home/user/catkin_ws/src
Build space: /home/user/catkin_ws/build
Devel space: /home/user/catkin_ws/devel
Install space: /home/user/catkin_ws/install
####
#### Running command: "cmake /home/user/catkin_ws/src
-DCATKIN_DEVEL_PREFIX=/home/user/catkin_ws/devel
-DCMAKE_INSTALL_PREFIX=/home/user/catkin_ws/install" in "/home/user/
    catkin_ws/build"
```

```
####
-- The C compiler identification is GNU 4.2.1
-- The CXX compiler identification is Clang 4.0.0
-- Checking whether C compiler has -isysroot
-- Checking whether C compiler has -isysroot - yes
-- Checking whether C compiler supports OSX deployment target flag
-- Checking whether C compiler supports OSX deployment target flag -
   yes
-- Check for working C compiler: /usr/bin/gcc
-- Check for working C compiler: /usr/bin/gcc -- works
-- Detecting C compiler ABI info
-- Detecting C compiler ABI info - done
-- Check for working CXX compiler: /usr/bin/c++
-- Check for working CXX compiler: /usr/bin/c++ -- works
-- Detecting CXX compiler ABI info
-- Detecting CXX compiler ABI info - done
-- Using CATKIN_DEVEL_PREFIX: /tmp/catkin_ws/devel
-- Using CMAKE_PREFIX_PATH: /opt/ros/groovy
-- This workspace overlays: /opt/ros/groovy
-- Found PythonInterp: /usr/bin/python (found version "2.7.1")
-- Found PY_em: /usr/lib/python2.7/dist-packages/em.pyc
-- Found gtest: gtests will be built
-- catkin 0.5.51
-- BUILD_SHARED_LIBS is on
-- ~~~~~~~~~~~~~~~~~~~~~~~~~~~~~~~~~~~~~~~~~~~~~~~
-- ~~  traversing packages in topological order:
-- ~~  - beginner_tutorials
-- ~~~~~~~~~~~~~~~~~~~~~~~~~~~~~~~~~~~~~~~~~~~~~~~
-- +++ add_subdirectory(beginner_tutorials)
-- Configuring done
-- Generating done
-- Build files have been written to: /home/user/catkin_ws/build
####
#### Running command: "make -j4" in "/home/user/catkin_ws/build"
####
```

2.2.1 下载已有功能包并编译运行

下面将示例如何从网上下载小海龟的源代码程序包，并对其进行编译和运行。首先切换到 catkin 工作空间中的 src 目录下：

```
cd ~/catkin_ws/src
```

从网络上下载 turtlesim 的源代码功能包，并放入 src/ros_tutorial/ 文件夹：

```
https://github.com/ros/ros_tutorials.git
```

接下来可以看到 turtlesim 的源代码都在 catkin_ws/src/ros_tutorial/turtlesim/ 文件夹下。同样我们可以使用 catkin_make 来编译它：

```
cd ~/catkin_ws/
catkin_make
```

接下来使用 source 命令更新新生成的 setup.*sh 文件：

```
source devel/setup.bash
```

这样我们就可以运行生成的功能包：

```
rosrun turtlesim turtlesim_node
```

或者

```
roslaunch turtlesim multisim.launch
```

在窗口中可以看到生成了一个或者多个小海龟。

2.2.2 创建功能包并编译运行

1. 创建工作空间

(1) 打开命令行终端，分别输入如下命令，将当前目录切回主目录

```
cd ~
```

(2) 新建工作空间文件夹

```
mkdir catkin_ws
```

(3) 在 catkin_ws 目录下新建源代码文件夹 src：

```
cd catkin_ws
mkdir src
```

(4) 初始化源代码目录，生成的 CMakeLists.txt 为功能包编译配置

```
cd src
catkin_init_workspace
```

(5) 切回 catkin_ws 目录，编译该工作空间

```
cd ~/catkin_ws
catkin_make
```

(6) 环境变量配置，使新建的 catkin_ws 工作空间可用

```
source devel/setup.bash
```

这时已经创建好一个 ROS 的工作空间了，下一步就是在 catkin_ws 工作空间下的源代码目录下新建功能包，并进行功能包程序编写。

2. 创建功能包

在 catkin_ws/src/ 下创建名为 my_package 的功能包。在命令行终端中输入命令：

```
cd ~/catkin_ws/src/
catkin_create_pkg my_package
```

在 catkin_ws/src/ 目录下能看到一个叫 my_package 的文件夹，此时功能包创建成功。

3. 编写功能包的源代码

在这里，我们编写一个能输出 “This is my package.” 的 C++ 程序。

默认情况下，建议在功能包目录中创建 src 目录用来存放 C++ 源文件，所以，首先在 my_package 目录下新建 src 文件夹，然后在 src 文件夹下新建一个 my_package_node.cpp 文件。

用文本编辑器 gedit 打开 my_package_node.cpp 文件，添加如下内容。

```
#include "ros/ros.h"

int main(int argc,char **argv)
{
  ros::init(argc,argv,"my_package_node");
  ros::NodeHandle nh;
  ROS_INFO_STREAM("This is my package.");
}
```

代码解释如下：

第一行是包含头文件 ros/ros.h，这是 ROS 提供的 C++ 客户端库，是必须包含的头文件，在后面的编译配置中要添加相应的依赖库 roscpp。

ros::init(argc,argv,“my_package_node”); 这是初始化 ROS 节点并指明节点的名称为 my_package_node，一旦程序运行后就可以在 ROS 的计算图中标注成名为 my_package_node 的节点。

ros::NodeHandle nh; 声明一个 ROS 节点的句柄，初始化 ROS 节点所必需的。

ROS_INFO_STREAM(“This is my package.”); 这里调用 roscpp 库提供的方法 ROS_INFO_STREAM 来输出字符串 “This is my package.”。

4. 功能包的编译配置

my_package_node.cpp 程序包含了 <ros/ros.h> 这个库，因此我们需要添加名为 roscpp 的依赖库。

首先，用文本编辑器 gedit 打开功能包目录下的 CMakeLists.txt 文件。

在 find_package(catkin REQUIRED ...) 字段中添加 roscpp，添加后的字段如下：

```
find_package(catkin REQUIRED COMPONENTS roscpp)
```

找到 include_directories(...) 字段，{catkin_INCLUDE_DIRS} 前面的注释符，结果如下：

```
include_directories(
# include
 ${catkin_INCLUDE_DIRS}
)
```

用文本编辑器 gedit 打开功能包目录下的 package.xml 文件，找到这一行

```
<buildtool_depend>catkin</buildtool_depend>
```

在这一行的后面添加如下内容：

```
<build_depend>roscpp</build_depend>
<build_export_depend>roscpp</build_export_depend>
<exec_depend>roscpp</exec_depend>
```

我们需要在 CMakeLists.txt 中最后一行添加如下两行代码，来声明我们需要创建的可执行文件。

```
add_executable(my_package_node ~/catkin_ws/src/my_package/
   my_package_node.cpp)
target_link_libraries(my_package_node ${catkin_LIBRARIES})
```

上述代码第一行声明了可执行文件的文件名，以及生成此可执行文件所需的源文件列表。如果有多个源文件，将其都列在此处，用空格将其区分开。第二行告诉 Cmake 当链接此可执行文件时需要链接哪些库 (在上面的 find_package 中定义)。如果功能包中包括多个可执行文件，为每一个可执行文件复制和修改上述两行代码。

5. 功能包的编译

功能包的编译配置好后，就可以开始编译了，通常有两种编译方式，一种是编译工作空间内的所有功能包，另一种是编译工作空间内的指定功能包。

第一种，编译工作空间内的所有功能包：

```
cd ~/catkin_ws/
catkin_make
```

第二种，编译工作空间内的指定功能包：在编译命令后面加入参数，双引号中填入要编译的功能包名字。

```
cd ~/catkin_ws/
catkin_make -DCATKIN_WHITELIST_PACKAGES="my_package"
```

6. 功能包的启动运行

首先，用 roscore 命令来启动 ROS 节点管理器。打开命令行终端输入命令：

```
roscore
```

然后，用 source devel/setup.bash 命令激活 catkin_ws 工作空间，用 rosrun 命令启动功能包中的节点。

打开一个命令行终端，分别输入命令：

```
cd ~/catkin_ws/
source devel/setup.bash
rosrun my_package my_package_node
```

看到有输出 “This is my package.” 就说明功能包可以用了。

2.3　ROS 基本命令

ROS 提供了其一系列以 ROS 为前缀的命令与工具，用于查找和使用功能包。这些命令其功能本质上与基本操作系统中常用的命令是一致的，但是它们在 ROS 环境下使用更加方便。下面将列出在使用 ROS 中最常用的命令。

2.3.1　ROS 文件系统命令

1. rospack

rospack = ros + pack(age)。

rospack 是用于提取文件系统上的功能包信息的命令工具。该工具执行很多打印功能包信息的命令，所有这些命令输出结果到标准输出 stdout。任何错误或者警告信息输出到标准错误 stderr。

选项 -q 可以放在任何子命令之后。它抑制通常输出到标准错误 stderr 的大部分错误信息。如果有错误，那么返回代码非零，如 rospack -q 不会返回任何信息。

(1) 用法：

```
rospack <command> [options] [package]
```

(2) 带参数命令。

① help。打印帮助信息。

② rospack find。打印到功能包的绝对路径信息。如果没有发现功能包，则返回空字符串。

③ rospack list。打印 <package-name> <package-dir> 格式的所有功能包列表。

④ rospack langs。打印特定语言的客户端库列表。

⑤ rospack depends、depends1、depends-manifests、depends-indent、depends-why。

- rospack depends [package]。打印功能包的所有依赖项。
- rospack depends1 [package]。打印功能包的所有第一层依赖项。
- rospack depends-manifests [package]。打印所有依赖项的 manifest.xml 文件列表。
- rospack depends-indent [package]。打印带有缩进格式的依赖项列表，其中缩进表示了其临近关系。
- depends-why –target=<target> [package] (alias: deps-why)。

⑥ rospack vcs、vcs0。

- rospack vcs [package]。打印功能包中及其所有依赖项的 manifest.xml 文件的版本控制标签。
- rospack vcs0 [package]。只打印功能包中的 manifest.xml 文件的版本控制标签。

⑦ rospack depends-on、depends-on1。

- rospack depends-on [package]。打印依赖参数值指定功能包的所有功能包。
- rospack depends-on1 [package]。打印直接依赖参数值指定功能包的所有功能包。

⑧ rospack export。

- rospack export -lang=LANGUAGE -attrib=ATTRIBUTE [package]。打印指定语言及属性的所有功能包列表。
- -deps-only。该参数的作用在于排除功能包本身。

⑨ rospack cflags-only-I, cflags-only-other。

- rospack cflags-only-I [–deps-only] [package]。打印以参数 -I 开头的 export/cpp/cflags 列表。

- rospack cflags-only-other [package]。打印不是以参数 -I 开头的 export/cpp/cflags 列表。
- -deps-only。该参数的作用在于排除功能包本身。

⑩ rospack libs-only-L, libs-only-l, libs-only-other。rospack export 命令的变化版本。

- rospack libs-only-L [package]。打印以参数 -L 开头的 export/cpp/libs 列表。
- rospack libs-only-l [package]。打印以参数 -l 开头的 export/cpp/libs 列表。
- rospack libs-only-other [package]。打印不是以参数 -L 或 -l 开头的 export/cpp/libs 列表。
- -deps-only。该参数的作用在于排除功能包本身。

⑪ rospack profile。

- rospack profile [-length=N]。强制列出所有目录，并报告控制台 N 个花最长时间列表的目录。
- -zombie-only。只打印没有任何 manifest 的目录。

⑫ rospack plugins。

- rospack plugins -attrib=<attrib> [package]。检查直接依赖于给定功能包的功能包，提取其功能包名称，并给出指定属性。
- -top=TOPPKG。如果给定该参数，扫描除了直接依赖于给定功能包的依赖项，并且满足是 TOPPKG 的依赖项或者是 TOPPKG 本身。

⑬ rospack_nosubdirs。可以增加空的 rospack_nosubdirs 文件来防止 rospack 落入某一个目录。这在阻止功能包树过长以免影响其性能时很有用。

2. roscd

roscd = ros + cd。

改变路径到相应的功能包或者功能包集。roscd 仅仅列出在 ROS_PACKAGE_PATH 目录下的功能包。

用法：

```
roscd [package[/subdir]]
```

例如：

(1) 运行 `roscd roscpp`，结果：

```
YOUR_INSTALL_PATH/ros/core/roscpp
```

(2) 运行 roscd roscpp/include，结果：

```
YOUR_INSTALL_PATH/ros/core/roscpp/include
```

(3) 后面不跟任何参数，将列出根目录。运行 roscd，结果：

```
YOUR_INSTALL_PATH/ros
```

(4) 列出日志文件所在目录。运行 roscd log。

3. rosls

rosls = ros + ls。

罗列相应的功能包、功能包集文件夹的命令。它是 rosbash 套件的一部分。它可以通过名称来列表一个文件夹下的文件，而不是根据目录列表。用法：

```
rosls [package[/subdir]]
```

例子：运行 rosls roscpp_tutorials，结果：

```
add_two_ints_client              listener_unreliable
add_two_ints_server              listener_with_tracked_object
add_two_ints_server_class        listener_with_userdata
anonymous_listener               Makefile
babbler                          manifest.xml
CMakeLists.txt                   node_handle_namespaces
custom_callback_processing       notify_connect
listener                         srv
listener_async_spin              talker
listener_multiple                time_api
listener_single_message          timers
listener_threaded_spin
```

4. roswtf

显示 ROS 系统或者启动文件的错误或者警告信息。
用法： roswtf 或者 roswtf [file]。

5. rosdep

显示功能包结构和依赖文件信息。用法如下：

```
rosdep [options]。
```

例如：

```
rosdep install turtlesim。
```

如果采用二进制形式，结果如下：

```
All required rosdeps installed successfully
```

2.3.2 ROS 核心命令

1. roscore

roscore = ros + core。

运行基于 ROS 系统必需的节点和程序的集合。为了保证节点能够通信，至少要有一个 roscore 在运行。roscore 当前定义为：

- master
- parameter server
- rosout

在当前计算机上运行：`roscore`，结果如下：

```
... logging to /home/zhang/.ros/log/5893d066-0157-11ec-9c6f-
    afc42dde0667/roslaunch-zhang-3676.log
Checking log directory for disk usage. This may take a while.
Press Ctrl-C to interrupt
Done checking log file disk usage. Usage is <1GB.

started roslaunch server http://zhang:34173/
ros_comm version 1.15.11


SUMMARY
========

PARAMETERS
 * /rosdistro: noetic
 * /rosversion: 1.15.11

NODES
```

```
auto-starting new master
process[master]: started with pid [3684]
ROS_MASTER_URI=http://zhang:11311/

setting /run_id to 5893d066-0157-11ec-9c6f-afc42dde0667
process[rosout-1]: started with pid [3694]
started core service [/rosout]
```

2. rosmsg/rossrv

rosmsg = ros + msg，rossrv = ros + srv。
显示消息或者服务的数据结构定义。
(1) rosmsg show：显示在消息中域的定义。
(2) rosmsg users：显示使用指定消息的代码。
(3) rosmsg md5：显示消息的 md5 值。
(4) rosmsg package：列出指定功能包中的所有消息。
(5) rosnode packages：列出带有该消息的所有功能包。
例如：
(1) 显示 pose 的消息：

```
rosmsg show pose
```

(2) 列出在 nav_msgs 功能包中的消息：

```
rosmsg package nav_msgs
```

(3) 列出在使用 sensor_msgs/CameraInfo 的文件：

```
rosmsg users sensor_msgs/CameraInfo
```

3. rosrun

rosrun = ros + run。
`rosrun` 允许用户可以直接执行在任意一个功能包下的可执行文件。
用法如下：

```
rosrun package executable
```

运行 `turtlesim` 例子：

```
rosrun turtlesim turtlesim_node。
```

结果如图 2.4 所示。

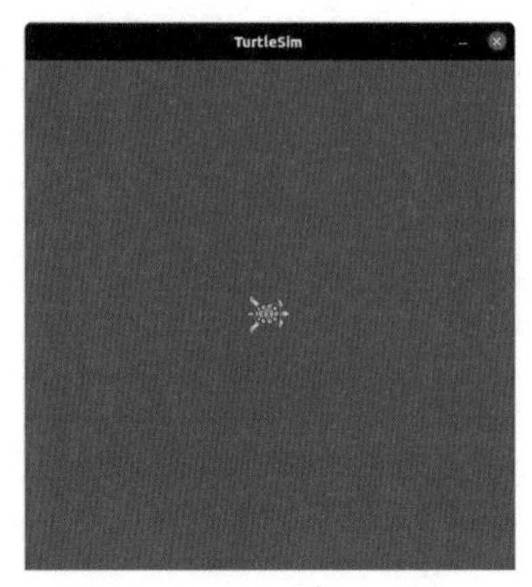

图 2.4 Turtlesim 小海龟例子

4. rosnode

rosnode = ros+node。

显示关于 ROS 节点 (包括发布、订阅和连接) 的调试信息。命令：

(1) rosnode ping：测试到一个节点的可连接性。

(2) rosnode list：列出活动节点。

(3) rosnode info：打印节点的信息。例如，运行`rosnode info /rosout`，运行结果如下：

```
Node [/rosout]
Publications:
 * /rosout_agg [rosgraph_msgs/Log]

Subscriptions:
 * /rosout [unknown type]

Services:
 * /rosout/get_loggers
 * /rosout/set_logger_level

contacting node http://zhang:45183/ ...
Pid: 3082
```

(4) rosnode machine：列出在特定机器上正在运行的节点。

(5) rosnode kill：结束一个正在运行的节点。

例如：

① 结束所有节点：`rosnode kill -a`。

② 列出在机器 aqy.local 上的所有节点：`rosnode machine aqy.local`。

③ 测试所有节点的链接情况：`rosnode ping --all`。

5. roslaunch

roslaunch 通过 SSH 和在参数服务器上设置参数来局部和远程启动 ROS 节点。它通过调用一个或者多个 XML 配置文件来完成启动过程。在配置文件中会对每一个要启动的节点进行描述。用法：

(1) 在不同的接口启动：

```
roslaunch -p 1234 package filename.launch
```

(2) 在功能包内启动文件：

```
roslaunch package filename.launch
```

(3) 在局部节点启动文件：

```
roslaunch --local package filename.launch
```

在 `turtlesim` 例子中，创建一个启动文件，内容如下。可以看到，启动文件是以一对 `<launch>` 来开始和结束的。

```
<launch>

<group ns="turtlesim1">
<node pkg="turtlesim" name="sim" type="turtlesim_node"/>
</group>

<group ns="turtlesim2">
<node pkg="turtlesim" name="sim" type="turtlesim_node"/>
</group>

<node pkg="turtlesim" name="mimic" type="mimic">
<remap from="input" to="turtlesim1/turtle1"/>
<remap from="output" to="turtlesim2/turtle1"/>
</node>
```

```
</launch>
```

6. rostopic

一个用于显示 ROS 主题 (包括发布、订阅、发布频率和消息) 调试信息的工具。命令 `rostopic -h` 可以获取该命令的帮助信息。

(1) rostopic bw：显示主题的带宽。

(2) rostopic echo：输出主题信息到屏幕。用法：

```
rostopic echo [topic]。
```

在前面 `turtlesim` 例子中，可以查看其运行信息：

```
rostopic echo /turtle1/command_velocity
```

运行结果如下：

```
---
linear: 2.0
angular: 0.0
---
linear: 2.0
angular: 0.0
---
linear: 2.0
angular: 0.0
---
linear: 2.0
angular: 0.0
---
linear: 2.0
angular: 0.0
```

(3) rostopic hz：显示主题发布频率。
用法：

```
rostopic hz [topic]。
```

在 `turtlesim` 的例子中，运行：

```
rostopic hz /turtle1/pose
```

运行结果如下：

```
subscribed to [/turtle1/pose]
average rate: 59.354
         min: 0.005s max: 0.027s std dev: 0.00284s window: 58
average rate: 59.459
         min: 0.005s max: 0.027s std dev: 0.00271s window: 118
average rate: 59.539
         min: 0.004s max: 0.030s std dev: 0.00339s window: 177
average rate: 59.492
         min: 0.004s max: 0.030s std dev: 0.00380s window: 237
average rate: 59.463
         min: 0.004s max: 0.030s std dev: 0.00380s window: 290
```

(4) rostopic list：打印活动主题的信息。用法：`rostopic list [/topic]`。具体参数如下：

- `-h, --help` 显示帮助信息。
- `-b BAGFILE, --bag=BAGFILE` 列出在记录包文件中的主题。
- `-v, --verbose` 列出每个主题的详细信息。
- `-p`，只列出发布者。
- `-s`，只列出订阅者。

(5) rostopic pub：发布数据到主题。

用法：

```
rostopic pub [topic] [msg_type] [args]
```

例如：

```
rostopic pub -1 /turtle1/command_velocity turtlesim/Velocity
 -- 2.0 1.8
```

该命令告诉 `turtlesim` 以线速度 2.0 和角速度 1.8 运动，因此可以在屏幕看到小海龟在做圆周运动。其中：

① 参数 –1 告诉程序仅发布一条消息然后退出。

② 参数 `/turtle1/command_velocity` 是将要发布的主题名称。

③ 参数 `turtlesim/Velocity` 是发布的主题的消息类型。

④ 参数 -- 告诉程序随后的字符是必须的选项。当参数中出现短划线时，该参数是必需的。

⑤ 参数 2.0 和 1.8 是对应的线速度和角速度。

(6) rostopic type：打印主题类型。

用法如下：

```
rostopic type [topic]
```

ROS 节点之间通过传送消息实现通信。在 turtlesim 例子中，消息主题发布者 turtle_teleop_key 和消息订阅者 turtlesim_node 要实现通信，必须发送和接收同一类型的消息。这意味着主题类型是由发布在其上的消息类型决定的。消息的类型可以由命令 rostopic type 决定。

例如：rostopic type /turtle1/command_velocity。

结果如下：

```
turtlesim/Velocity
```

命令 rosmsg 可以给出该消息的详细信息。运行：

```
rosmsg show turtlesim/Velocity
```

运行结果如下：

```
float32 linear
float32 angular
```

(7) rostopic find：通过类型查找主题。

上述各命令混合使用的例子：

① 以 10Hz 频率发布消息 hello：

```
rostopic pub -r 10 /topic name std msgs/String hello
```

② 消息发布之后清屏：

```
rostopic echo -c /topic name
```

③ 显示匹配给定 Python 表达式的消息：

```
rostopic echo --filter "m.data=='foo'" /topic_name
```

④ 为了查看消息类型而显示 ROS 主题的输出：

```
rostopic type /topic_name rosmsg show
```

以前面运行的 turtlesim 为例 (图 2.5)，可以看到节点 turtlesim 和节点 /teleop_turtle 在以 /turtle1/command_velocity 为名的主题上通信。

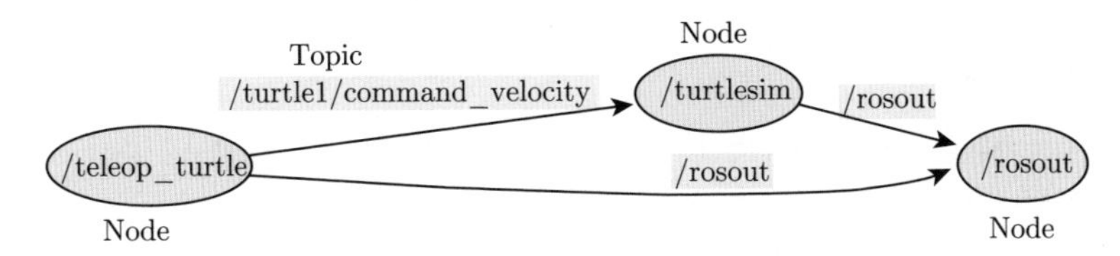

图 2.5 用 rxgraph 查看 Turtlesim 运行主题

7. rosparam

rosparam 是一个获取和设置参数服务器上用 YAML [22] 编码的文件的工具。在简单的情况下，YAML 看起来很自然，1 是整型，1.0 是浮点型，one 是字符串，true 是布尔型，[1,2,3] 是整型列表，{a: b, c: d} 是字典。其有命令如下：

(1) rosparam set：设置一个参数。用法如下：

```
rosparam set [param_name]
```

(2) rosparam get：获取一个参数。用法如下：

```
rosparam get [param_name]
```

(3) rosparam load：从一个文件中调取一个参数。用法如下：

```
rosparam load [file_name] [namespace]
```

(4) rosparam dump：写参数到一个文件。用法如下：

```
rosparam dump [file_name]
```

(5) rosparam delete：删除一个参数。

(6) rosparam list：列出参数名称。举例如下：

① 列出在命名空间中的所有参数：

```
rosparam list /namespace
```

② 设置一个列表，其参数为字符串、整型和浮点型：

```
rosparam set /foo "['1', 1, 1.0]"
```

③ 把在特定命名空间中的参数写入一个文件：

```
rosparam dump dump.yaml /namespace
```

8. rosservice

一个用于列表和查询 ROS 服务器的工具。服务是节点之间互相通信的另一种方式，服务允许节点发送请求和接收响应。其有如下命令：

(1) rosservice list：打印活动服务的信息。在运行 turtlesim 例子后，可以查看其服务的信息，运行结果如下：

```
/clear                              /kill
/reset                              /rosout/get_loggers
/rosout/set_logger_level            /spawn
/teleop_turtle/get_loggers          /teleop_turtle/set_logger_level
/turtle1/set_pen                    /turtle1/teleport_absolute
/turtle1/teleport_relative          /turtlesim/get_loggers
/turtlesim/set_logger_level
```

(2) rosservice node：打印提供一个服务的节点的名称。

(3) rosservice call：启动给定变量的服务。用法如下：

```
rosservice call [service] [args]
```

在运行 turtlesim 例子后，运行命令 rosservice call clear，可以发现其界面背景被清除干净。

(4) rosservice args：列出一个服务的变量。

(5) rosservice type：打印服务类型。用法如下：

```
rosservice type [service]
```

在运行 turtlesim 例子后，运行命令：

```
rosservice type spawn ~ rossrv show
```

运行结果如下：

```
float32 x
float32 y
float32 theta
string name
---
string name
```

(6) rosservice uri：打印 `ROSRPC uri` 服务。

(7) rosservice find：通过服务类型查找服务。

例如：

① 从命令行启动一个服务：

```
rosservice call /add_two_ints 1 2
```

② 把 ROS 服务输出到 `rossrv` 以查看服务类型：

```
rosservice type add two ints ~ rossrv show
```

③ 显示特定类型的所有服务：

```
rosservice find rospy_tutorials/AddTwoInts
```

2.4　坐标变换工具 TF

很多 ROS 功能包需要使用 TF 坐标变换软件包来发布机器人的坐标变换树。抽象一点讲，变换树定义了不同坐标系之间的偏移。例如，一个简单的机器人，它有移动的基座和位于基座上方的激光传感器。在这台机器人上，可以定义两个坐标系：一个坐标系原点位于机器人基座中心，另一个坐标系原点位于激光传感器中心。将位于基座上的坐标系定义为 base_link (这对于导航来说很重要，因为需要把它放在机器人的旋转中心)，称位于激光传感器的坐标系为 base_laser。

假设用户有若干数据，这些数据是基于激光传感器中心来表示的，即这些数据是基于 base_laser 坐标系的。这些数据用来帮助机器人实现避障的功能。为了实现该功能，需要做从 base_laser 到 base_link 的坐标变换，本质上来讲，这实际上定义了两个坐标系之间的关系。

如图 2.6 所示，已知激光传感器位于移动基座中心点前方 0.1 米且上方 0.2 米的位置。可以获取从 base_link 到 base_laser 的变换关系，base_link 坐标系必须平移 (x: 0.1m, y: 0.0m, z: 0.2m)。相应地，从 base_laser 到 base_link 的反向平移为 (x: -0.1m, y: 0.0m, z: -0.2m)。

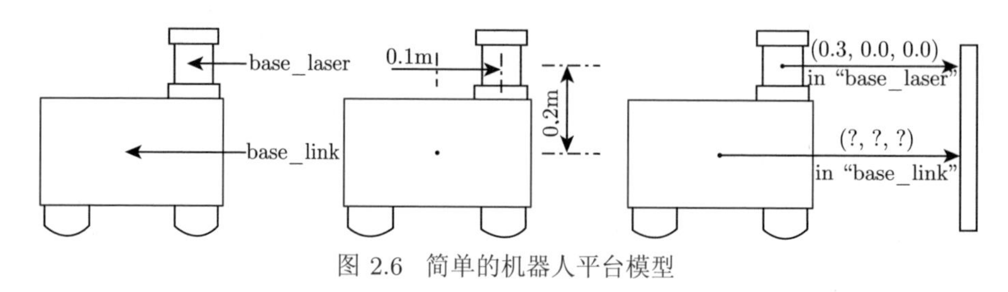

图 2.6 简单的机器人平台模型

用户也可以自行建立这些变换关系，但是当变换的数量增加时，这变得困难起来。TF 工具可以帮助用户完成这些变换的工作。为了使用 TF 定义和存储这些变换关系，需要把它们添加到坐标变换树中。从概念上讲，坐标变换树中的每一个节点对应于一个坐标系，每条分支对应一个从当前节点到其子节点的变换。TF 工具使用树形结构来保证连接两个坐标之间的变换是单向流，并且树的分支是从父节点到子节点的有向边。

为了在当前例子中使用 TF 功能包进行坐标变换，需要创建 2 个节点，分别对应于 base_link 和 base_laser 坐标系。为了建立一条边 (坐标变换树的分支)，首先需要确定哪一个是父节点，哪一个是子节点。需要记住的是，TF 假设所有的变换都是从父节点到子节点。在这个例子中，假设 base_link 为父节点，因为其他传感器都是相对于基座添加上来的。因此，base_link 和 base_laser 之间的变换矩阵是 (x: 0.1m, y: 0.0m, z: 0.2m)，如图 2.7 所示。通过变换，从 base_laser 接收激光传感器扫描数据，然后转换到 base_link 坐标系下，就变成很简单地调用 TF 库，机器人可使用这些信息避障。 PR2 机器人的坐标变换 TF 模型如图 2.8 所示。

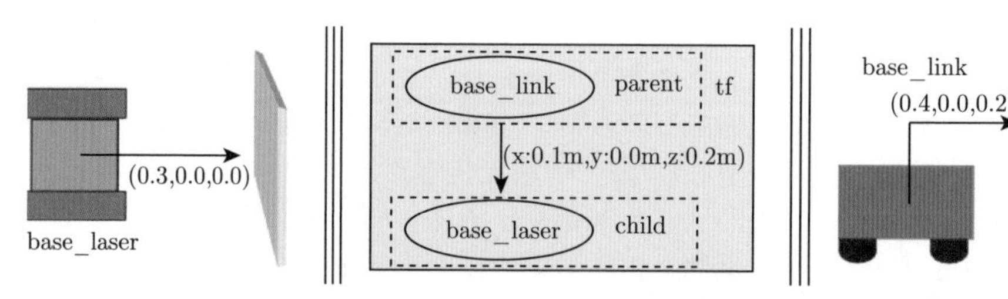

图 2.7 简单的机器人平台 TF 模型

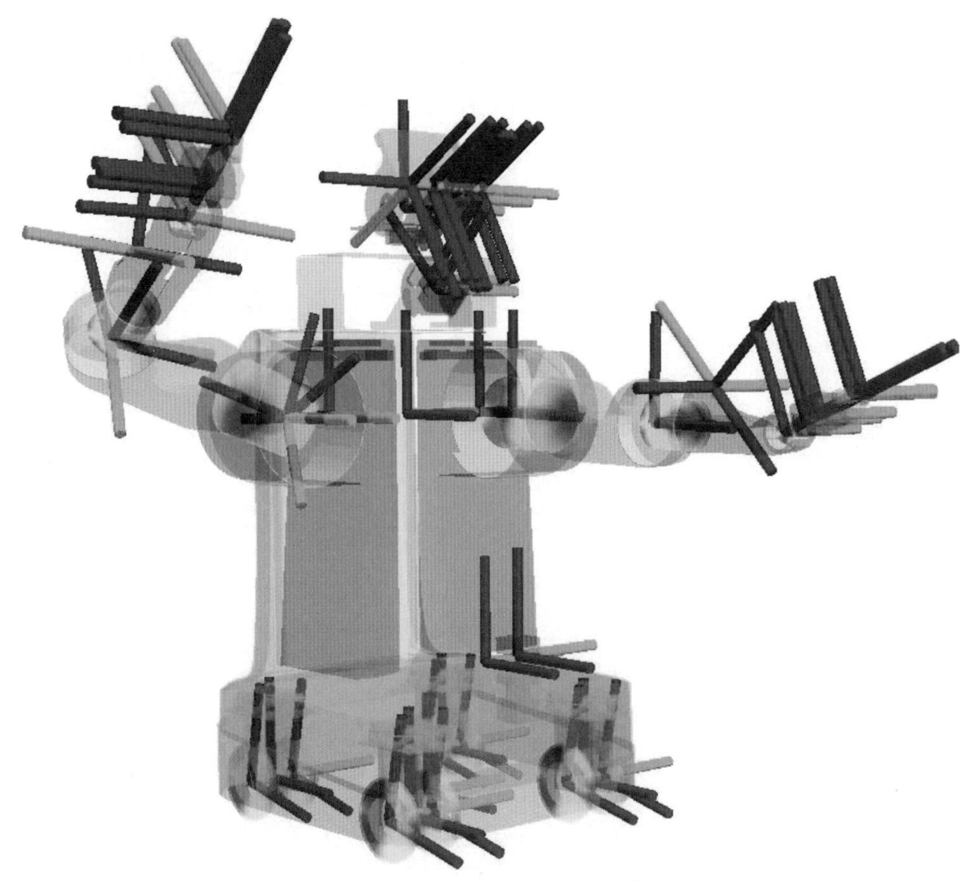

图 2.8 PR2 机器人 TF 变换模型

ROS Noetic 中提供了较新的 TF2 工具，用于显示和查看坐标变换信息。可以用如下命令进行安装：

```
sudo apt install ros-noetic-tf2-tools
```

启动机器人以及相关坐标系转换信息之后，可以用如下命令查看相关 TF 信息。该命令会生成一个 frames.pdf 文件，打开该文件，即可查看相关信息。

```
rosrun tf2_tools view_frames.py
```

运行命令之后，屏幕结果如下：

```
[INFO] [1630116725.966060]: Listening to tf data during 5 seconds...
[INFO] [1630116730.976148]: Generating graph in frames.pdf file...
```

2.5　数据记录和回放工具 rosbag

在进行相关数据收集和分析过程中，经常需要回放和查看过去的数据，ROS 中提供了数据回放工具 rosbag。rosbag 是一个用于记录和回放 ROS 主题的工具集合。它的目的是提供高效的执行，避免消息的反序列化和重序列化。

rosbag 可以实现记录消息，从一个或多个消息记录包重新发布消息，总结消息记录包的内容，检查消息定义，基于 Python 表达式过滤消息记录包消息，压缩及解压缩消息记录包，以及重建消息记录包索引等功能。

目前支持的命令列表：

- record：记录带有特定主题的消息记录包文件。
  - 记录所有主题：`rosbag record -a`
  - 记录选定主题：`rosbag record topic1 topic2`
- info：总结消息记录包的内容。
- play：回放一个或多个消息记录包内容。
  - 无需等待回放所有消息：`rosbag play -a demo_log.bag`
  - 一次回放几个包文件：`rosbag play demo1.bag demo2.bag`
- check：确定消息记录包是可回放的。
- fix：修复消息记录包中的消息。
- filter：使用 Python 表达式转换消息记录包文件。
- compress：压缩一个或多个消息记录包文件。
- decompress：解压缩一个或多个消息记录包文件。
- reindex：重建一个或多个消息记录包索引。

本节以小海龟为例，讲述怎样将运行中的 ROS 系统记录保存在记录文件 (.bag) 中，并使保存下来的文件回放时，得到类似的结果。

1. 安装 turtlesim 功能包

安装 `turtlesim` 功能包，命令如下：

```
sudo apt-get install ros-noetic-turtlesim
```

2. 记录数据

首先，执行下面命令，以启动小海龟程序：

```
rosrun turtlesim turtlesim_node
```

新开一个终端，然后启动键盘控制命令：

```
rosrun turtlesim turtle_teleop_key
```

此处会执行两个节点，turtlesim 可视化节点和允许键盘执行节点。将鼠标放在终端，用键盘方向键控制 turtlesim 时，终端会生成：

```
Reading from keyboard
---------------------------
Use arrow keys to move the turtle.
```

使用 rostopic 命令还可以记录所有发布的主题。首先，检测所有正在发布的主题列表。打开新的终端，执行下面命令：rostopic list -v，得到输出结果：

```
Published topics:
 * /rosout_agg [rosgraph_msgs/Log] 1 publisher
 * /rosout [rosgraph_msgs/Log] 2 publishers
 * /turtle1/pose [turtlesim/Pose] 1 publisher
 * /turtle1/color_sensor [turtlesim/Color] 1 publisher
 * /turtle1/cmd_vel [geometry_msgs/Twist] 1 publisher

Subscribed topics:
 * /rosout [rosgraph_msgs/Log] 1 subscriber
 * /turtle1/cmd_vel [geometry_msgs/Twist] 1 subscriber
```

这里所列举的主题只是消息类可能被记录的数据日志文件，因为只有发送的消息可以被记录。主题 /turtle1/cmd_vel 是 turtle_teleop 发送的消息，输入到 turtlesim 进程。/turtle1/color_sensor 和 /turtle1/pose 消息是 turtlesim 发送的消息输出。

然后，开始记录发送的数据。打开新的终端，执行下面命令：

```
mkdir ~/bagfiles
cd ~/bagfiles
rosbag record -a
```

这里，创建一个临时目录来记录数据，然后采用 -a 选项，表示所有的发送主题都将记录在消息记录包文件中。将鼠标放到 turtlesim 终端上，运行小海龟的例子 10s 左右，用 Ctrl+C 强制关闭 rosbag 终端，查看～/ bagfiles，可以看到一个以年、月、日和创建时间命名的 bag 文件。这个文件包含在 rosbag record 运行时所有节点发送的所有主题中。结果如下：

```
[ INFO] [1630117587.023043470]: Recording to '2021-08-28-10-26-27.
    bag'.
[ INFO] [1630117587.023843653]: Subscribing to /rosout_agg
[ INFO] [1630117587.025616277]: Subscribing to /rosout
```

```
[ INFO] [1630117587.027067430]: Subscribing to /turtle1/pose
[ INFO] [1630117587.028849347]: Subscribing to /turtle1/color_sensor
[ INFO] [1630117587.030414238]: Subscribing to /turtle1/cmd_vel
```

3. 检查和运行消息记录包文件

用 rosbag record 记录发送数据，也可以检查它并采用命令 rosbag info 和 rosbag play 将它重现出来。

首先来查看消息记录包文件记载的数据，此时可以采用 info 命令检测消息记录包文件的内容：

```
rosbag info 2021-08-28-10-26-27.bag
```

得到在当前运行的计算机上生成的信息如下：

```
path:        2021-08-28-10-26-27.bag
version:     2.0
duration:    24.6s
start:       Aug 28 2021 10:26:27.03 (1630117587.03)
end:         Aug 28 2021 10:26:51.66 (1630117611.66)
size:        260.4 KB
messages:    3305
compression: none [1/1 chunks]
types:       geometry_msgs/Twist [9f195f881246fdfa2798d1d3eebca84a]
             rosgraph_msgs/Log   [acffd30cd6b6de30f120938c17c593fb]
             turtlesim/Color     [353891e354491c51aabe32df673fb446]
             turtlesim/Pose      [863b248d5016ca62ea2e895ae5265cf9]
topics:      /rosout                  34 msgs : rosgraph_msgs/Log
   (2 connections)
             /rosout_agg              31 msgs : rosgraph_msgs/Log
             /turtle1/cmd_vel        192 msgs : geometry_msgs/Twist
             /turtle1/color_sensor  1524 msgs : turtlesim/Color
             /turtle1/pose          1524 msgs : turtlesim/Pose
```

这些信息告诉用户在消息记录包文件中存储的主题名字、类型、每个消息主题包含的数目。

也可以让 rosbag play 不从消息记录包文件开始，而是从一些已经开始的间隔中，采用 -s 来设置。最后的选项是 -r，该参数是用来指定发送率的。比如，如果执行下面命令：rosbag play -r 2 <your bagfile>，会发现 turtle 执行轨迹稍微不同，这是因为设置从键盘触发 2 倍速度运行。

4. 记录数据子集

当运行完整的系统时，比如 PR2 软件系统，可能有上百个主题被发布。比如视频图像流，潜在的可发送的数据巨大。在这样的系统中，常常需要记录包括所有主题的日志文件到硬盘中。rosbag record 命令只支持一定的主题保存到消息记录包文件，运行用户记录感兴趣的主题。如果 turtlesim 节点已经退出，重新启动键盘触发节点：

```
rosrun turtlesim turtlesim_node
```

新开一个终端，然后启动键盘控制命令：

```
rosrun turtlesim turtle_teleop_key
```

在消息记录包文件目录下，运行以下命令：

```
rosbag record -o suset /turtle1/cmmd_vel /turtle1/pose
```

参数 -o 告诉 rosbag record 记录的日志文件名为 subset.bag，并且主题参数引起 rosbag record 仅仅订阅 2 个主题。触发键盘移动 turtle 几秒后，用 Ctrl+C 终止 rosbag record。然后查看消息记录包文件：

```
rosbag info suset_2021-08-28-10-30-16.bag
```

运行的结果如下：

```
path:        suset_2021-08-28-10-30-16.bag
version:     2.0
duration:    16.6s
start:       Aug 28 2021 10:30:16.64 (1630117816.64)
end:         Aug 28 2021 10:30:33.23 (1630117833.23)
size:        83.9 KB
messages:    1038
compression: none [1/1 chunks]
types:       turtlesim/Pose [863b248d5016ca62ea2e895ae5265cf9]
topics:      /turtle1/pose 1038 msgs:turtlesim/Pose
```

5. rosbag record/play 的限制

通过运行上述例子，用户可能发现，对照 turtlesim 运行的轨迹和原始轨迹，并不是完全一样的。这是因为 turtlesim 运行的轨迹，对系统运行时间非常敏感。rosbag 在消息被记录和处理的同时，在消息被 rosplay 产生和处理的同时，不能精确地复制系统运行的行为。对于 turtlesim 节点，在当命令消息被处理时有轻微变动，用户不可能期望完全精确地复制该行为。

第 3 章　可视化工具 RViz 与仿真工具 Gazebo

3.1　RViz

RViz (ROS Visualization) 是 ROS 的一个可视化工具，用于可视化传感器数据和状态信息。使用 RViz，可以依赖虚拟的机器人模型实现不同环境下的运动仿真。也可以用于显示 ROS 主题，包括摄像头图像、红外距离测量、声呐数据等。

3.1.1　RViz 安装

安装 RViz 可以用 debian 源安装包，也可以编译安装。用源安装命令：

```
sudo apt-get update
sudo apt-get install ros-noetic-rviz
```

若使用源码安装，则使用 git clone 命令下载 RViz 源码到 ros_workspace：

```
cd catkin_ws/src
git clone https://github.com/ros-visualization/rviz.git
```

安装编译所需的依赖包并编译：

```
rosdep install rviz
cd ..
catkin_make
```

3.1.2　RViz 使用

打开终端输入：roscore 启动 master 主节点，然后在另一个终端运行命令：

```
rosrun rviz rviz
```

RViz 启动之后将显示一个初始界面如图 3.1 所示。中间网格区域是 3D 视图，左侧是显示列表，其中包含加载的显示类型。初始状态只是包含 Global Options 选项和 Time 面板。右边是 View (视图) 面板，可以选择不同的视角显示。RViz 支持丰富的数据类型，可以通过加载不同的 Displays 类型来可视化。单击 Add 按钮如图 3.2 所示。图 3.2 中列表是包含的 Display 类型，中间的文本框中是对 Display 类型的说明。最后，必须给 Display 一个独特的名字。例如，如果机器人有两个激光雷达，用户可以创建一个名为 “Laser Base” 和 “Laser Head” 的 Display 类型。表 3.1 是 RViz 主要的 Display 类型。

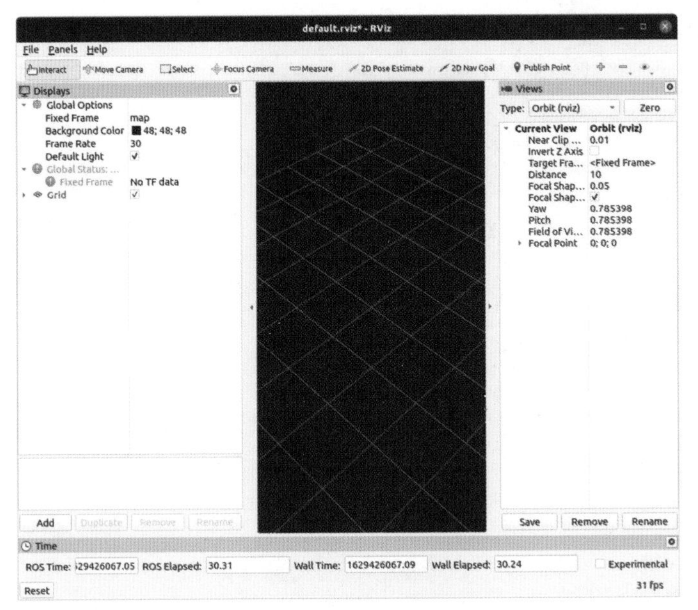

图 3.1 RViz 初始界面

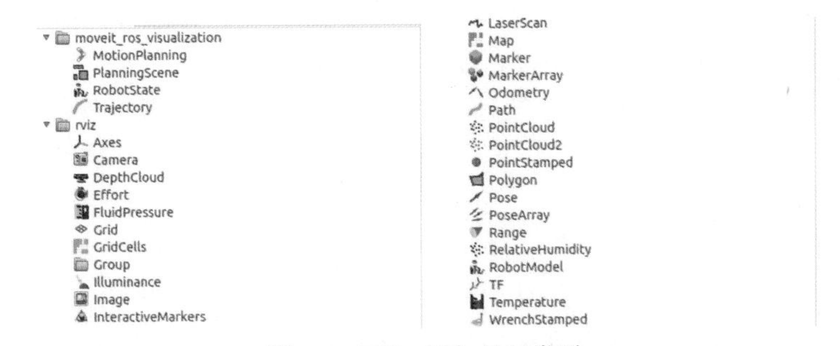

图 3.2 RViz 添加显示类型

表 3.1 常用 Display 类型

类型	描述	消息类型
Axes	显示坐标系	无
Camera	从相机视角显示图像	sensor_msgs/Image sensor_msgs/CameraInfo
Grid	显示网格	无
Image	显示图像	sensor_msgs/Image
Laser Scan	显示激光雷达数据	sensor_msgs/LaserScan
Point Cloud2	显示点云数据	sensor_msgs/PointCloud2
Odometry	显示里程计数据	nav_msgs/Odometry
RobotModel	显示机器人模型	无
TF	显示 tf 树	无

每个 Display 显示类型都有自己的属性列表。例如 PointCloud2 显示类型如图 3.3 所示。

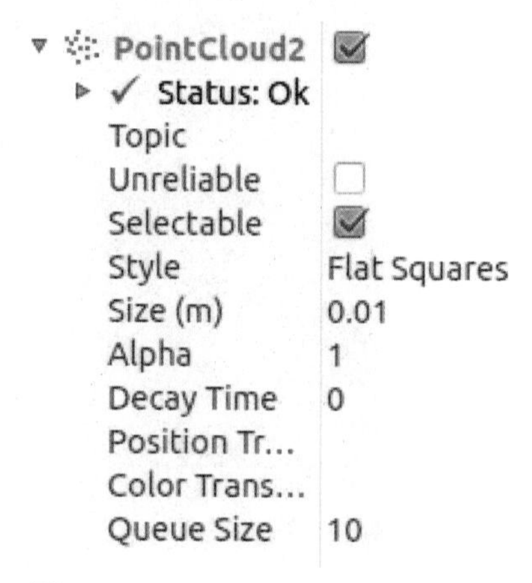

图 3.3 PointCloud2 显示类型属性

RViz 提供多种不同的视图视角。

(1) Orbital：轨道摄像机视角，围绕一个焦点旋转，控制方式如下。

- 鼠标左键：点击并拖动围绕焦点旋转。
- 鼠标中键：在相机的向上和向右向量形成的平面上单击并拖动焦点。
- 鼠标右键：点击并拖动鼠标放大/缩小焦点，向上拖动放大，向下缩小。
- 滚轮：放大/缩小焦点。

(2) FPS：第一人称视角，控制方式如下。

- 鼠标左键：点击并拖动旋转。按住 Ctrl 键单击鼠标选中对象。
- 鼠标中键：点击并拖动沿相机的向上和向右向量形成的平面移动。
- 鼠标右键：点击并拖动沿着相机的向前向量移动，向上拖动向前移动，向下向后移动。
- 滚轮：移动向前/向后。

(3) Top-down Orthographic：自上而下的正视图，控制方式如下。

- 鼠标左键：点击并拖动绕 Z 轴旋转。
- 鼠标中键：点击并拖动在相机的 XY 平面移动。
- 鼠标右键：点击并拖动缩放图像。
- 滚轮：缩放图像。

(4) XY Orbit：相同的 Orbital 视角，焦点限制在 XY 平面上。

(5) Third Person Follower：相机保持对目标帧恒定的视角，相机视角将跟随相机运动。如果用户在走廊进行 3D 重建，那么这个视角就非常有用。

3.2 Gazebo

机器人仿真软件是机器人专家工具箱中的必备工具。一个设计良好的仿真软件能够加速算法检测和机器人设计过程，并用真实场景进行仿真测试。Gazebo [23] 能够准确有效地模拟机器人群体在复杂的室内外环境的运动，同时提供强大的物理引擎、高品质的图形、便捷的程序和图形界面。

Andrew Howard 博士及其学生 Nate Koenig 为了在室外环境中实现高精度机器人仿真，在 2002 年于南加州大学开发了 Gazebo。Gazebo 这个单词的本意是“凉亭”，取名于开发时距离当时的环境最近的建筑物。事实上，后来 Gazebo 也被用于很多室内环境仿真。2009 年， Nate Koenig 和另一位资深研究人员 John Hsu 将 ROS 和 PR2 机器人集成到 Gazebo 中，随后 Gazebo 成为 ROS 社区中的主要仿真工具。

ROS Melodic Morenia 中默认安装 Gazebo 版本为 Gazebo 9。 ROS Noetic Ninjemys 中默认安装 Gazebo 版本为 Gazebo 11。

3.2.1 运行 Gazebo

以下步骤会运行 `Gazebo` 默认 `World`：

(1) 打开终端，在大多数的 Ubantu 系统可以按 “CTRL+ALT+T” 组合键打开终端窗口。

(2) 输入以下命令行： `Gazebo`。

Gazebo 启动之后将显示一个初始界面如图 3.4 所示。可以看到， Gazebo 软件界面主要由几个部分构成，下面分别介绍其功能：

(1) 整个界面分为三个窗口，从左至右分别是：左面板、场景、右面板。

(2) 左面板有三个选项卡：

- 世界 (World)：用于显示当前场景中模型，同时可以查看和修改器模型参数。
- 插入 (Insert)：用于从已有模型库中插入新的模型，用鼠标左键选中想要插入的对象，然后拖入中间的场景窗口，松开鼠标，即可将目标插入场景。
- 图层 (Layer)：组织和显示模拟场景中可用的不同可视化组。大部分情况下，我们用不到该选项卡，因此为空。

(3) 右面板：用于与选中的模型部件进行交互。默认情况下，右侧面板是隐藏的。

(4) 工具栏：位于场景窗口的上侧和下侧。

- 上侧工具栏：包含常用选项，如选择 (鼠标样式)、移动、旋转、缩放；插入简单的物体 (立方体、球、圆柱体等)；光照等选项。
- 下侧工具栏：用于显示与仿真模拟有关的数据，如真实时间、仿真时间、迭代次数等。 Gazebo 仿真中每迭代一次，计算一次。每次迭代，时间增加固定步长，默认步长为 1 毫秒。可以通过点击下侧工具栏最左边的“运行/暂停”按钮控制运行状态。

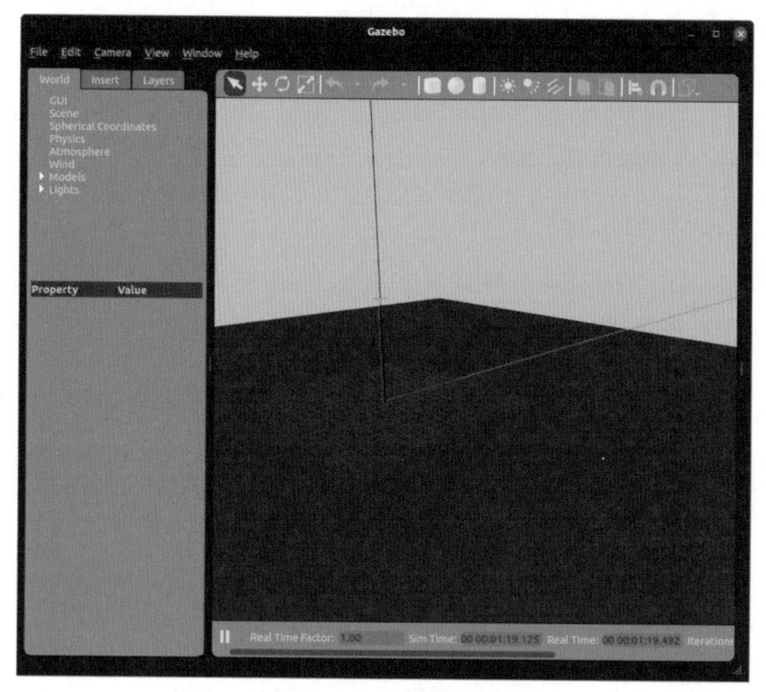

图 3.4　Gazebo 初始界面

第一次执行 Gazebo 需要下载一些模型，而它会耗费一些时间，请耐心等待。用户也可以直接将模型文件拷贝至默认文件夹下。Gazebo 默认模型存放在 .gazebo/models 文件夹中。如果希望加载特定的 World，在终端运行：

```
gazebo worlds/pioneer2dx.world
```

用户可能在上面的命令中注意到“worlds/pioneer2dx.world”变量，这个指令引导 Gazebo 找到 pioneer2dx.world 文件，并在启动时加载运行。World 文件位于一个版本的系统目录，如 Ubuntu 的 /usr/share/gazebo-11。如果你在 Ubuntu 下安装了 Gazebo 11，在终端输入以下命令查看 World 完整列表：

```
ls /usr/share/gazebo-11/worlds
```

Gazebo 命令运行了两种不同的可执行文件，第一个称为 gzserver，第二个称为 gzclient。Gzserver 运行物理更新循环和生成传感器数据。这是 Gazebo 的核心，而且可以单独用于图形界面。你可能会在文献中看到 “run headless” 这样的术语。这个术语意思是说只运行 gzserver。在很多机器人运行时，不需要显示结果，因此采用 “run headless” 模式运行。Gzclient 可执行文件运行 QT 为基础的用户界面，这个应用提供了一个精致的可视化模拟。

打开终端，运行服务器：

```
gzserver
```

打开另一个终端，运行图形客户端：

```
gzclient
```

运行结果可见 Gazebo 的用户界面。图形客户端可以多次重启 gzclient 应用，甚至运行多个界面。

3.2.2 Gazebo 的组成

1. World 描述文件

World 描述文件包含了仿真器中的所有元素，包括机器人模型、灯光、传感器、静态对象等，world 文件的格式是 SDF (Simulation Description Format) [24]，使用 .world 扩展名。Gazebo 服务器 (gzserver) 通过读取这个文件来生成和构造一个虚拟世界，Gazebo 11 里面附带很多 world 例子，这些 world 文件位于 `usr/share/gazebo-11/worlds`。

2. Model 文件

与 world 文件一样，model 文件也使用 SDF 格式，但只包含一对 `<model>...</model>`。这些文件的目的是便于模型的重复使用以及简化 world 文件，当一个 model 文件被创建后，使用以下的 SDF 语句能将其包含到 world 文件中。

```
<include>
  <uri>model://model_file_name</uri>
</include>
```

许多模型存储于在线模型数据库 (以及先前版本附带的一些例子模型)，我们可以通过数据库来添加模型，所需要的模型内容会在运行时被下载。用户也可以直接将模型文件拷贝至默认文件夹下。默认文件夹位于用户文件夹中 .gazebo 隐藏文件夹下。

3. 环境变量

Gazebo 使用许多环境变量来定位文件，并设置 server 和 client 之间的通信。Gazebo1.9.0 版本之后默认值是被编译了的，所以运行时不需要去设置任何变量。默认值可通过如下命令设置：

```
source <install_path>/share/gazebo-11/setup.sh
```

如果想修改 Gazebo 的特性，例如通过延伸模型的路径搜索，那么首先应该 source 命令更新外部脚本文件，然后修改需要设置的变量。server 是 Gazebo 的主干，它以命令行的方式解析 world 描述文件，然后使用物理和传感器引擎模拟世界。运行命令：

```
gzserver <world_filename>
```

注意：server 不包含任何图形，仅仅是循环运行。`<world_filename>` 能被替换成当前目录或者绝对路径。Gazebo 11 附带的 worlds 位于 `usr/share/gazebo-11/worlds` 目录。例如，为了使用一个 Gazebo 附带的 empty.world，使用以下的命令：

```
gzserver /usr/share/gazebo-11/worlds/empty.world
```

4. 图形化客户端

图形化客户端连接了一个运行中的 gzserver 和可视化元素，这也是一个允许修改正在运行中的仿真器的工具，图形化客户端的运行可使用以下语句：

```
gzclient
```

5. Gazebo 命令行调用

Gazebo 命令能结合 server 和 client 于一个可执行性文件中，代替先运行 `gzserver worlds/empty.world`，然后运行 gzclient。运行命令如下：

```
gazebo worlds/empty.world
```

6. 插件

对于 Gazebo 界面，插件提供了一种简单又方便的机制。插件能通过命令行的方式载入，或者通过指定 world/model 文件来载入。在加载过程中，首先加载由命令行指定的插件，然后加载由 world/model 文件指定的插件。大部分的插件已经被 server 加载，然而，为了便于自定义 GUI (图形用户界面) 的生成，部分插件也被图形化客户端 (graphical client) 加载。例如，命令行加载插件：

```
gzserver -s <plugin_filename>
```

同样的机制也可被用于图形化客户端：

```
gzclient -g <plugin_filename>
```

3.2.3 URDF 模型

通用机器人描述格式 (Universal Robotic Description Format,URDF) 是 ROS 系统中用于描述机器人组件的一个 XML 文件，为了在 Gazebo 中更好地使用 URDF 需要添加一些额外的标签，本章节将解释在 Gazebo 中使用 URDF 的必要步骤，可以节省我们额外创建 SDF 文件的时间。高级选项中，Gazebo 会自动将 URDF 文件转换为 SDF。URDF 整体框架图如图 3.5 所示。

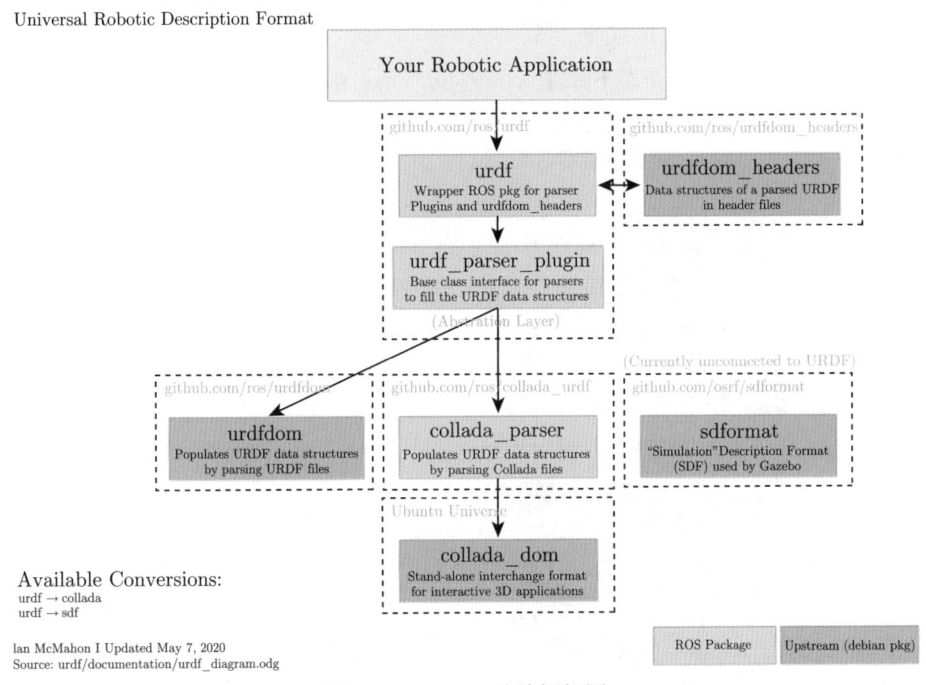

图 3.5 URDF 整体框架图

尽管 URDF 在 ROS 中是一个非常有用并且标准的格式。但它也缺少许多有用的特征，没有完全满足机器人的发展需求，URDF 只能指定一个简单机器人的运动和动力学属性，并不能指定机器人本身在一个 world 中的位置。由于它不能指定关节环 (平行连杆机构)，而且缺少摩擦系数和其他一些属性，就不是一个完全通用的描述格式。URDF 也无法指定一些非机器人的事物，如灯光、高度等。另一方面，URDF 格式使用大量的 XML 属性打破了合适的格式，使得 URDF 更加不灵活，也失去了反向的兼容机制。为了解决这些问题，一种新的仿真描述格式 SDF [24] 被应用于 Gazebo。SDF 是一个从 world 层面到机器人层面的描述格式。SDF 支持拓展，能够很容易地添加和修改元素，并且也是一种 XML 描述文件。

Gazebo 中使用 URDF 的几个要素：

(1) 必要元素：

- 在 `<link>` 元素下必须添加 `<inertia>` 惯性元素。

(2) 可选元素：

- 可以在 `<link>` 元素下添加 `<Gazebo>` 元素：
  - 将视觉颜色转换为 Gazebo 格式。
  - 将 stl 文件转换为 dae 文件。
  - 增加传感器插件。
- 在`<joint>` 元素下添加 `<Gazebo>` 元素：
  - 设置适当的阻尼力。
  - 添加执行控制插件。
- 在 `<robot>` 元素下添加 `<Gazebo>` 元素：
  - 当`<robot>` 元素需要添加到 world 中时，应该添加 `link--<link name =''world''/>`。

`<Gazebo>` 元素是为了能在 Gazebo 中使用 URDF 的拓展属性，它可以使 SDF 中的属性在 URDF 中使用，这些属性 URDF 本身并没有定义。有三个不同类型的 Gazebo 元素，分别为 `<robot>`，`<link>` 和 `<joint>`。本节中，我们将使用一个简单的机器人模型 RRBot 进行演示。

1. 获取 RRBot 模型

RRBot 或者称为 “Revolute-Revolute Manipulator Robot” 是一个 3 连杆 2 关节机械臂，本节将使用它来展示 Gazebo 和 URDF 的特性。为了得到 RRBot，需将 gazebo_ros_demos 的软件仓库复制到当前工作空间的 /src 文件夹下，并重新编译工作空间：

```
cd ~/catkin_ws/src/
git clone https://github.com/ros-simulation/gazebo_ros_demos.git
cd ..
catkin_make
```

为了检测模型是否有效，在 RViz 中加载 RRBot 模型：

```
roslaunch rrbot_description rrbot_rviz.launch
```

运行结果如图 3.6 所示。

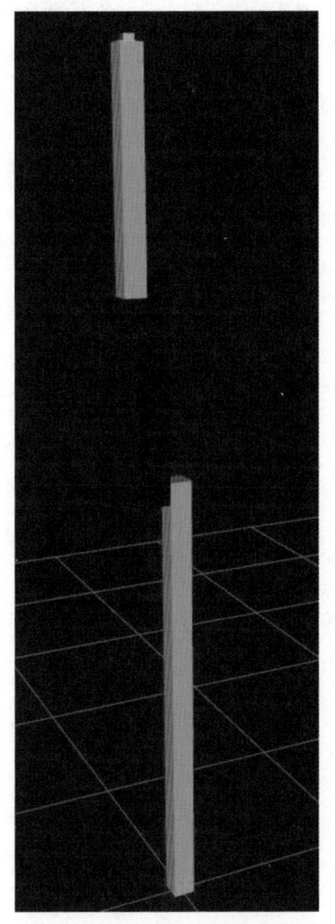

图 3.6 RViz 显示 RRBot 模型

如果没有得到以上模型，尝试使用 `kill all roscore` 关闭 ROS 管理器，重启 RViz。你可以通过滑动关节状态显示窗口的滑动条来移动关节。在将机器人转换到 Gazebo 工作时，不要破坏 RViz 或者其他 ROS 应用的功能性，可以在 RViz 中测试机器人。gazebo_ros_control 教程将会解释如何使用 RViz 通过正确发布 Gazebo 的 /joint_states 驱动模拟机器人。在之前的例子中 RViz 中 RRBot 就是从 joint_states_publisher 节点中获取的 /joint_states。

下面将详细介绍 RRBot 的 URDF 模型。在终端运行下面的命令，打开 rrbot.xacro 文件：

```
rosed rrbot_description rrbot.xacro
```

我们使用了 Xacro 来简化关节和链接的计算，因此会包括两个额外的文件：

- rrbot.gazebo：Gazebo 指定文件，包含大部分 Gazebo 指定的 XML 元素。
- materials.xacro：简单的 RViz 色彩文件，非必要，但美观。

在终端运行 roscore 开启 master 主节点，在新的终端运行命令：

```
roslaunch rrbot_gazebo rrbot_world.launch
```

刚启动 Gazebo 时，机器人处于直立状态，由于没有加载控制，第 1、2 节关节在重力作用下自然下垂显示结果如图 3.7 所示。

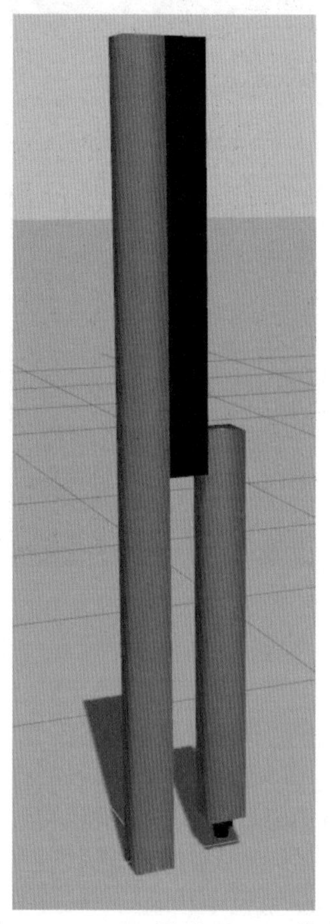

图 3.7 Gazebo 显示 RRBot 模型

2. URDF 头文件

下面将调整和测试 URDF 的不同特性，帮助读者更好地了解 URDF。Gazebo 和对应所需的 URDF 文件格式有许多新的 API 变化，其中一个就是不再需要 Gazebo xml-schema 的命名空间。如果你使用的 URDF 包含以下语句，可以删除。

```
<robot
xmlns:sensor="http://playerstage.sourceforge.net/gazebo/xmlschema/#
    sensor"
xmlns:controller="http://playerstage.sourceforge.net/gazebo/
    xmlschema/#controller"
xmlns:interface="http://playerstage.sourceforge.net/gazebo/xmlschema
    /#interface"
xmlns:xacro="http://playerstage.sourceforge.net/gazebo/xmlschema/#
    xacro"
name="pr2" >
```

只需在文件头部标签中添加所需的机器人名字和可选的 xacro 的 XML 命名空间。

```
<robot name="rrbot" xmlns:xacro="http://www.ros.org/wiki/xacro">
```

如果 <gazebo> 元素没有使用 `reference=''''` 属性，那么就认为 <gazebo> 元素适用于整个机器人模型。<gazebo> 标签元素中 <robot> 的元素列表如 3.2 所示。

表 3.2 robot 标签属性

变量名	类型	描述
static	bool	是否加载动力学模型，如果设置成 true 模型将固定

为了将 URDF 模型固定在世界坐标系 (地平面) 上，必须增加一个 `world` 连接和关节，并固定附着在模型基座上。如果机器人是移动的，则不需要。RRBot 中相应代码如下：

```
<!-- Used for fixing robot to Gazebo 'base_link' -->
<link name="world"/>
<joint name="fixed" type="fixed">
  <parent link="world"/>
  <child link="link1"/>
</joint>
```

3. <link> 元素

以下是 RRBot 连接 (Link) 例子：

```
<!-- Base Link -->
  <link name="link1">
    <collision>
      <origin xyz="0 0 ${height1/2}" rpy="0 0 0"/>
      <geometry>
        <box size="${width} ${width} ${height1}"/>
      </geometry>
    </collision>

    <visual>
      <origin xyz="0 0 ${height1/2}" rpy="0 0 0"/>
      <geometry>
        <box size="${width} ${width} ${height1}"/>
      </geometry>
      <material name="orange"/>
    </visual>

    <inertial>
      <origin xyz="0 0 1" rpy="0 0 0"/>
      <mass value="1"/>
      <inertia
        ixx="1.0" ixy="0.0" ixz="0.0"
        iyy="1.0" iyz="0.0"
        izz="1.0"/>
    </inertial>
  </link>
```

Gazebo 中的计量单位为米和千克。<link> 中的 <collision> 元素和 <visual> 元素在 Gazebo 和 RViz 中的效果是一样的。但是，当用户不明确指定一个 <collision> 元素时,Gazebo 不会使用 <visual> 元素代替 <collision> 元素，反而 Gazebo 会认为 <link> 不可见。读者可以在 <collision> 元素和 <visual> 元素使用同样的几何模型或者网格面片,但强烈建议在 <collision> 元素中使用简化的碰撞几何体的模型。获得碰撞模型的工具有：Blender、Maya 和 3DS Max 等。

一个标准的 URDF 文件可以通过标签来指定颜色，比如在 RRBot 中：

```
<material name="orange">
    <color rgba="${255/255} ${108/255} ${10/255} 1.0"/>
  </material>
```

由于颜色和纹理链接采用了 OGRE 材料脚本，而这种方法并不能在 Gazebo 中使用。因此，每一个 Gazebo 材料标签都必须指定连接，如：

```
<gazebo reference="link1">
    <material>Gazebo/Orange</material>
  </gazebo>
```

需要注意的是，在 RRBot 例子中将所有的 Gazebo-specific 标签包含在 rrbot.gazebo 数据文件中。在 Gazebo 中默认材料的源码可以在 `gazebo/media/materials/scripts/gazebo.material` 找到。如果需要更多高级或者定制材料，用户可以创造自己的 ORGE 颜色或者纹理。

4. STL 和 Collada 文档

RViz 和 Gazebo 都可以使用 STL 和 Collada 文档。通常使用 Collada (.dae) 文档，因为它支持颜色和纹理，而 STL 文件只有一个单一颜色的 `<link>`。为了使 Gazebo 物理引擎更加合理，必须在 `<link>` 元素添加合适的 `<inertial>` 元素。link 的质量必须大于 0，因为惯性零主矩在有限扭矩的前提下，可能导致无限加速度，所以一般需要设定好主矩 (ixx, iyy, izz)。为了在 Gazebo 中确定每个 link 的属性值，要求获得准确的物理模型。可以通过对机器人的各个部分进行测量，或者借助使用 CAD 软件，如 SolidWorks 等包含特征估计的软件。RRBot 的例子如下：

```
<inertial>
      <origin xyz="0 0 ${height1/2}" rpy="0 0 0"/>
      <mass value="1"/>
      <inertia
        ixx="1.0" ixy="0.0" ixz="0.0"
        iyy="1.0" iyz="0.0"
        izz="1.0"/>
</inertial>
```

`origin` 代表这个链接的质心，通过把质心设置为矩形杆的半高位置，可以将质量集中在中间部分，也可以通过点击 Gazebo 的 “View” 菜单选项，选择 “Wireframe” 和 “Center of Mass” 两个选项来检查你的质心在 URDF 中是否正确。link 中 Gazebo 元素属性如表 3.3 所示。

在 RRBot 中，两个非固定连接的摩擦系数是指定的，那么，当碰撞发生时，就可以得到更准确的力学模拟。以下是一个例子：

```
 <gazebo reference="link2">
    <mu1>0.2</mu1>
```

```
  <mu2>0.2</mu2>
  <material>Gazebo/Black</material>
</gazebo>
```

表 3.3 link 标签常用属性

变量名	类型	描述
material	value	visual 元素的材质
gravity	bool	是否使用重力
mu1/mu2	double	根据 ODE 定义的摩擦系数 μ 沿接触面的主要接触方向
kp/kd	double	由 ODE 定义的刚度系数 kp 和阻尼系数 kd
selfCollide	bool	是否开启碰撞模型

5. <joint> 元素

Gazebo 中的 `<joint>` 与 URDF 略有不同，并不是所有的属性都是必需：

- 必需属性：`<origin>`、`<parent>` 和 `<child>`。
- 无效属性：`<calibration>` 和 `<safety_controller>`。
- 可选：`<limit>` 标签。

RRBot 中 joint 的实例如下：

```
<joint name="joint2" type="continuous">
  <parent link="link2"/>
  <child link="link3"/>
  <origin xyz="0 ${width} ${height2 - axel_offset*2}" rpy="0 0 0"
     />
  <axis xyz="0 1 0"/>
  <dynamics damping="0.7"/>
</joint>
```

6. 用 ROS 控制 Gazebo 模型

ROS 提供 ros_control 功能包实现与 Gazebo 的通信和控制。通过 ros_control 能够设置模拟控制器驱动机器人实现运动。关于 ros_control 的详细内容，读者可以查阅 ros_control 概述文档。如果未安装 ros_control 包，可以运行命令：

```
sudo apt-get install ros-noetic-ros-control ros-noetic-ros-
   controllers
```

Gazebo 中模拟机器人的控制器可以使用 ros_control 和一个简单的 Gazebo 适配器插件完成，ros_control 和 Gazebo 数据流、硬件控制器和传输之间的关系如图 3.8 所示。使用 ros_control 需要在 URDF 中添加额外的元素。`<transmission>`

元素用于驱动关节。为了确保 gazebo_ros_control 正确运行，必须添加以下重要的元素标签，其余的元素和名称暂时忽略：

- `<joint name="">` name 必须对应你在 URDF 中的关节名称。
- `<type>` 传播类型，目前只实现了 “transmission_interface/SimpleTransmission”。
- `<hardwareInterface>` 标签包含在 `<actuator>` 和 `<joint>` 标签内，告诉 gazebo_ros_control 硬件接口加载的插件。

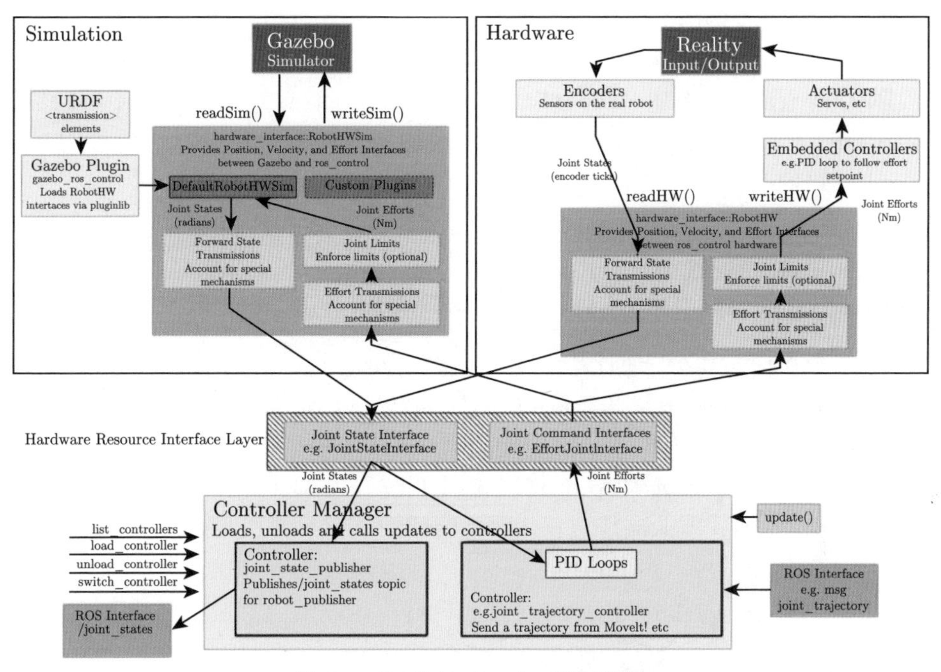

图 3.8 ROS 与 Gazebo 控制流图

除了添加 transmission 标签外，还有一个 Gazebo 插件需要添加到 URDF 文件，它实际解析了 transmission 标签，并加载相应的硬件接口和控制管理。默认的 gazebo_ros_control 插件很简单，通过一个额外可拓展的插件架构允许用户创建 ros_control 和 Gazebo 间机器人硬件接口。添加默认插件到 URDF 的 XML 如下：

```
<gazebo>
  <plugin name="gazebo_ros_control" filename="libgazebo_ros_control.
      so">
    <robotNamespace>/MYROBOT</robotNamespace>
  </plugin>
```

```
</gazebo>
```

Gazebo_ros_control 的 <plugin> 标签也有以下可选的子元素：

- <robotNamespace>: ROS 名称空间用于这个实例插件，默认为机器人在 URDF/SDF 的名称。
- <controlPeriod>: 控制器周期更新 (单位为秒)，默认为 Gazebo 周期。
- <robotParam>: robot_description 在参数服务器上的位置，默认为 “/robot_description”。
- <robotSimType>: 自定义机器人 sim 接口的 pluginlib 名称。默认为 “DefaultRobotHWSim”。

默认情况下，不添加 <robotSimType> 标签，gazebo_ros_control 将会尝试从 URDF 中通过 ros_control 得到所需要的所有接口信息，默认提供的 ros_control 接口如下：

```
hardware_interface::JointStateInterface
hardware_interface::EffortJointInterface
hardware_interface::VelocityJointInterface
```

Gazebo_ros_control 插件还提供了一个 pluginlib-base 接口来实现 Gazebo 和 ros_control 之间的自定义接口，用来模拟更复杂的机械运动 (非线性弹簧，连杆等)。这些插件必须继承 gazebo_ros_control::RobotHWSim 来完成模拟 ros_control 硬件接口。RobotHWSim 提供 API 可以在 Gazebo 读取、修改关节属性。下面的 XML 将加载默认插件 (使用 <robotSimType> 时也是相同动作)：

```
<gazebo>
  <plugin name="gazebo_ros_control" filename="libgazebo_ros_control.
     so">
    <robotNamespace>/MYROBOT</robotNamespace>
    <robotSimType>gazebo_ros_control/DefaultRobotHWSim</robotSimType
      >
  </plugin>
</gazebo>
```

在 RRBot 例子中，每一个 <joint> 都必须添加 <transmission> 块来驱动 Gazebo 中的每一个关节。注意，<hardwareInterface> 必须包含在 <joint> 和 <actuator> 标签中。rrbot.xacro 文件如下：

```
<transmission name="tran1">
    <type>transmission_interface/SimpleTransmission</type>
    <joint name="joint1">
      <hardwareInterface>EffortJointInterface</hardwareInterface>
```

```
    </joint>
    <actuator name="motor1">
      <hardwareInterface>EffortJointInterface</hardwareInterface>
      <mechanicalReduction>1</mechanicalReduction>
    </actuator>
  </transmission>

  <transmission name="tran2">
    <type>transmission_interface/SimpleTransmission</type>
    <joint name="joint2">
      <hardwareInterface>EffortJointInterface</hardwareInterface>
    </joint>
    <actuator name="motor2">
      <hardwareInterface>EffortJointInterface</hardwareInterface>
      <mechanicalReduction>1</mechanicalReduction>
    </actuator>
  </transmission>
```

<transmission> 加载的 gazebo_ros_control 插件在 rrbot.gazebo 文件中：

```
<gazebo>
  <plugin name="gazebo_ros_control" filename="libgazebo_ros_control.
     so">
    <robotNamespace>/rrbot</robotNamespace>
  </plugin>
</gazebo>
```

完成 URDF 模型文件后，需要给 ros_control 控制器创建一个配置文件和启动文件。创建新包：

```
mkdir ~/catkin_ws
cd ~/catkin_ws
catkin_create_pkg rrbot_control ros_control ros_controllers
cd rrbot_control
mkdir config
mkdir launch
```

PID 增益和控制器设置必须保存到一个 YAML 文件，通过启动文件加载到参数服务器。在 config 文件夹目录下新建一个 rrbot_control.yaml 文件：

```
MYROBOT_control/config/rrbot_control.yaml:
rrbot:
  # Publish all joint states -----------------------
```

```
joint_state_controller:
  type: joint_state_controller/JointStateController
  publish_rate: 50

# Position Controllers ---------------------------
joint1_position_controller:
  type: effort_controllers/JointPositionController
  joint: joint1
  pid: {p: 100.0, i: 0.01, d: 10.0}
joint2_position_controller:
  type: effort_controllers/JointPositionController
  joint: joint2
  pid: {p: 100.0, i: 0.01, d: 10.0}
```

在 launch 文件夹目录下新建一个 rrbot_control.launch 文件：

```
<launch>
  <!-- Load joint controller configurations from YAML file to
     parameter server -->
  <rosparam file="$(find rrbot_control)/config/rrbot_control.yaml"
     command="load"/>

  <!-- load the controllers -->
  <node name="controller_spawner" pkg="controller_manager" type="
     spawner" respawn="false"
   output="screen" ns="/rrbot" args="joint1_position_controller
       joint2_position_controller joint_state_controller"/>

  <!-- convert joint states to TF transforms for rviz, etc -->
  <node name="robot_state_publisher" pkg="robot_state_publisher"
     type="robot_state_publisher"
   respawn="false" output="screen">
   <remap from="/joint_states" to="/rrbot/joint_states" />
  </node>
</launch>
```

说明：第一行，rosparam 通过加载一个 YAML 配置文件将参数加载到参数服务器。controller_spawner 节点通过运行一个 Python 脚本，使一个服务调用 ros_control 控制管理器启动 RRBot 两个关节的位置控制器。同时加载第三个控制器，并通过 hardware_interfaces 将所有关节状态信息发布在 /joint_states 的主题。这个 spawner 节点只是 roslaunch 命令的一个辅助脚本。最后一行启动一个 robot_state_publisher 节点，该节点从 joint_state_controller 节点获得 /joint_states 消息，然后发布 TF 信息。关闭所有正在运行的终端，打开新终端运行 roscore，在另一个终端运行：

```
roslaunch rrbot_gazebo rrbot_world.launch
```

再新开一个终端运行：

```
roslaunch rrbot_control rrbot_control.launch
```

第一条命令将在 Gazebo 中加载 RRbot 模型，第二条命令将加载关节的控制器。正常运行结果如图 3.9 所示。

```
 * /robot_description: <?xml version="1....
 * /rosdistro: indigo
 * /rosversion: 1.11.19
 * /use_sim_time: True

NODES
  /
    gazebo (gazebo_ros/gzserver)
    gazebo_gui (gazebo_ros/gzclient)
    urdf_spawner (gazebo_ros/spawn_model)

ROS_MASTER_URI=http://localhost:11311

core service [/rosout] found
process[gazebo-1]: started with pid [9166]
process[gazebo_gui-2]: started with pid [9170]
process[urdf_spawner-3]: started with pid [9174]
Gazebo multi-robot simulator, version 2.2.6
Copyright (C) 2012-2014 Open Source Robotics Foundation.
Released under the Apache 2 License.
http://gazebosim.org

Gazebo multi-robot simulator, version 2.2.6
Copyright (C) 2012-2014 Open Source Robotics Foundation.
Released under the Apache 2 License.
http://gazebosim.org

spawn_model script started
Msg Waiting for master.[ INFO] [1474857382.542380687]: Finished loading Gazebo ROS API Plugin.
Msg Waiting for master[ INFO] [1474857382.543781684]: waitForService: Service [/gazebo/set_physics_properties] has not been advertised, waiting...

[INFO] [WallTime: 1474857382.552791] [0.000000] Loading model xml from ros parameter
Msg Connected to gazebo master @ http://127.0.0.1:11345
Msg Publicized address: 59.77.128.141
[INFO] [WallTime: 1474857382.555946] [0.000000] Waiting for service /gazebo/spawn_urdf_model
[ INFO] [1474857383.388411563, 0.024000000]: waitForService: Service [/gazebo/set_physics_properties] is now available.
[ INFO] [1474857383.442344018, 0.076000000]: Physics dynamic reconfigure ready.
[INFO] [WallTime: 1474857383.462031] [0.094000] Calling service /gazebo/spawn_urdf_model

Msg Connected to gazebo master @ http://127.0.0.1:11345
Msg Publicized address: 59.77.128.141
[ INFO] [1474857383.797283060, 0.148000000]: Camera Plugin (robotNamespace = /), Info: Using the 'robotNamespace' param: '/'
[ INFO] [1474857383.859483762, 0.148000000]: Laser Plugin (robotNamespace = /), Info: Using the 'robotNamespace' param: '/'
[ INFO] [1474857383.859557169, 0.148000000]: Starting GazeboRosLaser Plugin (ns = /)!
[ INFO] [1474857383.860932411, 0.148000000]: GPU Laser Plugin (ns = /) <tf_prefix_>, set to ""
[ INFO] [1474857383.861675253, 0.148000000]: LoadThread function completed
[ INFO] [1474857383.923444381, 0.148000000]: Camera Plugin (ns = /)  <tf_prefix_>, set to ""
[INFO] [WallTime: 1474857383.939672] [0.148000] Spawn status: SpawnModel: Successfully spawned model
[ INFO] [1474857383.948051626, 0.148000000]: Loading gazebo_ros_control plugin
[ INFO] [1474857383.948185885, 0.148000000]: Starting gazebo_ros_control plugin in namespace: /rrbot
[ INFO] [1474857383.948928024, 0.148000000]: gazebo_ros_control plugin is waiting for model URDF in parameter [/robot_description] on the ROS param server.
[ INFO] [1474857384.300484996, 0.148000000]: Loaded gazebo_ros_control.
```

图 3.9 Gazebo 加载 RRBot 模型

当控制器加载成功后，RRbot 的关节将不再摆动。如果你不想用 launch 文件，也可以手动加载：

```
rosservice call /rrbot/controller_manager/load_controller "name: '
    joint1_position_controller'"
rosservice call /rrbot/controller_manager/load_controller "name: '
    joint2_position_controller'"
```

激活控制器：

```
rosservice call /rrbot/controller_manager/switch_controller "{
    start_controllers: ['joint1_position_controller','
    joint2_position_controller'], stop_controllers: [], strictness:
    2}"
```

如果要结束控制运行：

```
rosservice call /rrbot/controller_manager/switch_controller "{
    start_controllers: [], stop_controllers: ['
    joint1_position_controller','joint2_position_controller'],
    strictness: 2}"
```

加载控制器之后，便可以进行控制。在对应的 Topic 发布目标位置便可以完成关节的控制，新开一个终端运行：

```
rostopic pub -1 /rrbot/joint1_position_controller/command std_msgs/
    Float64 "data: 1.57"
```

上面指令的含义是：在 `/rrbot/joint1_position_controller/command` 发布一次角度值 (弧度制)。相应的执行动作，Gazebo 中的 RRbot 模型的第一个关节 (黑色) 旋转至水平。类似的，控制第二个关节需要运行：

```
rostopic pub -1 /rrbot/joint2_position_controller/command std_msgs/
    Float64 "data: 1.57"
```

运行结果如图 3.10 所示。

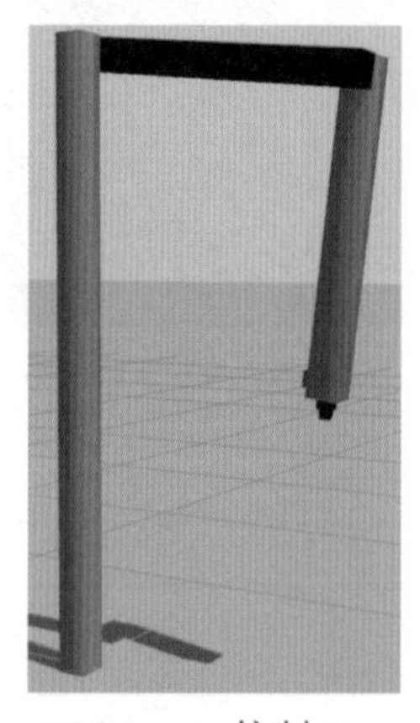

图 3.10 ROS topic 控制 Gazebo 模型

同时，也可以用 RQT 软件来动态控制。在 RRbot 的实例源码中包含配置好的文件，运行：

```
roslaunch rrbot_control rrbot_rqt.launch
```

运行结果如图 3.11 所示。图中主要包括三大块功能区域：Message Publisher、Dynamic Reconfigure 和 MatPlot。Message Publisher 是我们要发布的控制关节角度的 topic，这个只默认添加了关节 1 的 topic。Dynamic Reconfigure 是一些参数列表，包括两个关节的 PID 控制参数；MatPlot 是绘图区域，可以将 topic 数据绘制出来，默认只画关节 1 的控制量和偏差。

图 3.11 RQT 初始界面

单击 Message Publisher 中的 `/rrbot/joint1_position_controller/command` 话题的三角号，可以看出目标位置是以正弦方式发布的。在 sin(i/100) 中，i 是 RQT 的时间变量。单击三角号旁边的空白方框，可以看到 Gazebo 中的模型开始来回摆动。类似的，如果要控制第二节关节只需添加对应的 Topic 即可 (图 3.12)。点击 Topic 对应的下拉菜单，选择 `/rrbot/joint2_position_controller/command`话题；Freq 中的频率输入 100 然后单击 “+” 按钮完成添加。关节 2 的目标位置同样也设置成 sin(i/100)，选中发布消息，可以看到两个关节开始运动。Dynamic Reconfigure 可以进行动态参数调整，在列表中找到两个关节的 PID 控制参数，调整相应的参数优化运动控制，如图 3.13 所示。

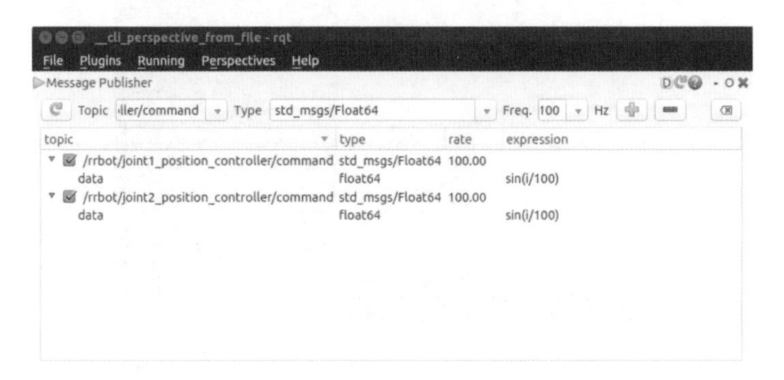

图 3.12 RQT 添加 Topic

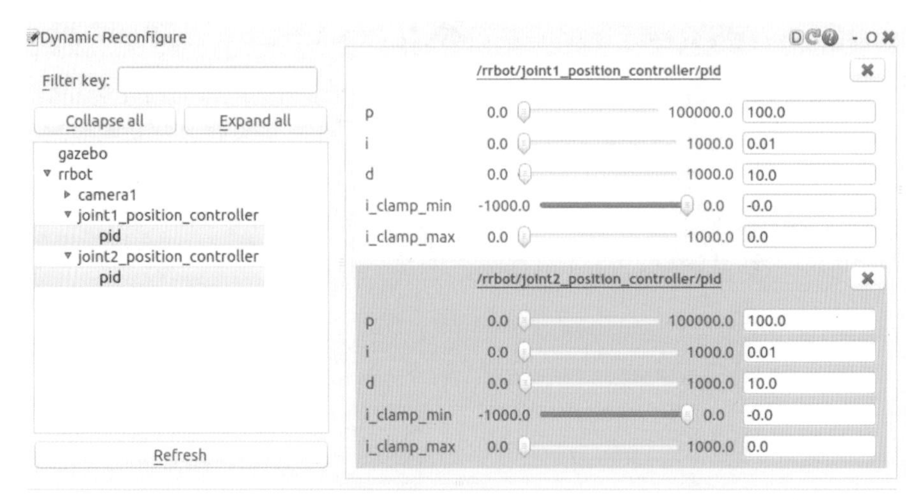

图 3.13　RQT PID 参数设置

为了更好地显示各个传感器信息和状态，可以用 RViz 来显示。在新终端运行：

```
rosrun rviz rviz
```

在 Global Options 中的 “Fixed Frame” 值选择为 “world” 坐标系，单击 “add” 按钮添加 “RobotModel”；再单击 “add” 按钮添加 “Image”，选择 “Image Topic” 为 “/rrbot/camera1/image_raw”。最后添加激光雷达，单击 “add” 按钮添加 “LaserScan”，选择 “Topic” 为 “/rrbot/laser/scan”。最终可以在 RViz 中显示激光雷达的点云、相机图像以及 RRbot 模型。结果如图 3.14 所示。

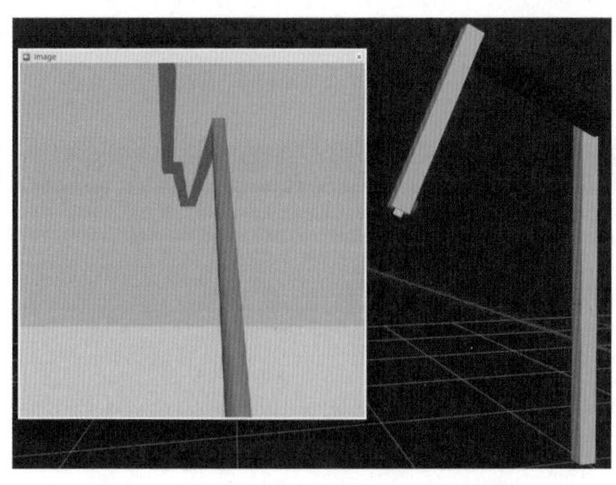

图 3.14　RQT 控制 RRbot 模型结果

3.2.4 Solidworks 导出 URDF 模型

URDF 模型文件虽然广泛运用于 ROS 和 Gazebo 仿真环境中，但是使用 URDF 进行模型创建和编辑显得枯燥而费时。相反，一些专业的三维建模软件例如 SolidWorks、AutoCAD 等能够快速有效地完成模型的创建。Sw_urdf_exporter 插件能够有效地将 SolidWorks 的零件和装配体模型转换成 URDF 模型文件。插件能自动生成一个包含网格、纹理和 URDF 文件的 ROS 包。插件导出的单一零件的 URDF 文件包含材料属性和简单的 `<link>` 标签；对于装配体，插件会根据装配关系建立各个 `<link>` 父子关系，同时自动确定 joint 类型以及旋转轴。这个插件官方只在 Windows 7 64 位与 SolidWorks 2012 64 位中测试且运行良好。安装步骤如下：

(1) 安装 .NET4 框架。

(2) 从 https://bitbucket.org/brawner/sw2urdf 下载安装程序。

(3) 使用管理员权限运行 sw2urdfSetup.exe。

(4) 打开 SolidWorks，在“工具” > 加载项，你会在最下方，看到一个 SW2URDF 项目。结果如图 3.15 所示。

图 3.15 添加插件

使用 Sw_urdf_exporter 插件导出 URDF 文件非常简单，甚至可以直接使用默认参数。值得一提的是，一个复杂的模型通常有庞杂的装配关系而其中往往有大量固定的装配，这些装配关系在 URDF 中都是无用的。因此，建议将这些装配体转换为一个零件处理。打开一个 SolidWorks 零件，单击菜单栏的“file” 菜单，点击“Export as URDF” 弹出配置窗口如图 3.16 所示。

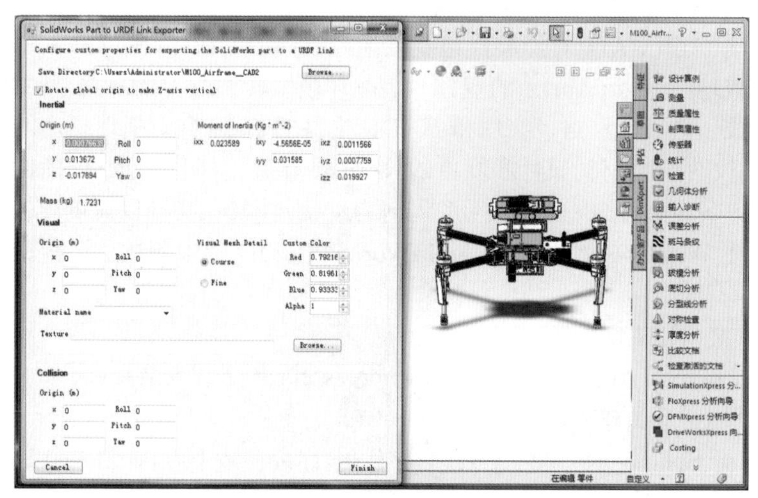

图 3.16　零件图–输出设置

默认保存路径是在你的零件体存储路径下，单击“Browse” 按钮可以自定义路径。如果用户想给 URDF 添加纹理，可以单击“Visual” 下的“Browse” 按钮选择纹理路径。单击“Finish” 完成。最终将会在指定目录下生成一个包含网格、纹理和 URDF 文件的 ROS 包，它还将包含一个“manifest” 文件。只需将它复制到你的工作空间即可。注意：从零件导出 URDF 可能不会自动生成 launch 文件，需手动添加。在 launch 文件目录下新建两个文档分别命名为“display.launch” 和“gazebo.launch”。

display.launch 文件内容如下：

```
<launch>

  <arg name="model" />
  <arg name="gui" default="False" />
  <param  name="robot_description" textfile="$(find model_name)/
     robots/model_name.URDF" />
  <param name="use_gui" value="$(arg gui)" />
  <node name="joint_state_publisher" pkg="joint_state_publisher"
     type="joint_state_publisher" />
  <node name="robot_state_publisher" pkg="robot_state_publisher"
     type="state_publisher" />
```

```
  <node name="rviz" pkg="rviz" type="rviz"  args="-d $(find
      model_name)/urdf.rviz" />

</launch>
```

gazebo.launch 文件内容如下：

```
<launch>

  <include file="$(find gazebo_ros)/launch/empty_world.launch" />

  <param name="robot_description"
        command="$(find xacro)/xacro.py '$(find model_name)/robots/
            model_name.URDF'" />

  <node name="urdf_spawner" pkg="gazebo_ros" type="spawn_model"
      respawn="false" output="screen"
        args="-urdf -model -param robot_description"/>

</launch>
```

其中，“model_name” 是生成 ROS 包的名称，默认和待转换的零件或装配体名字一样。例如，作者的零件名是 “M100_Airframe__CAD2”。在终端运行：

```
roslaunch M100_Airframe__CAD2 display.launch
```

在打开的 RViz 窗口添加 “RobotModel” 显示项，显示模型如图 3.17 所示。

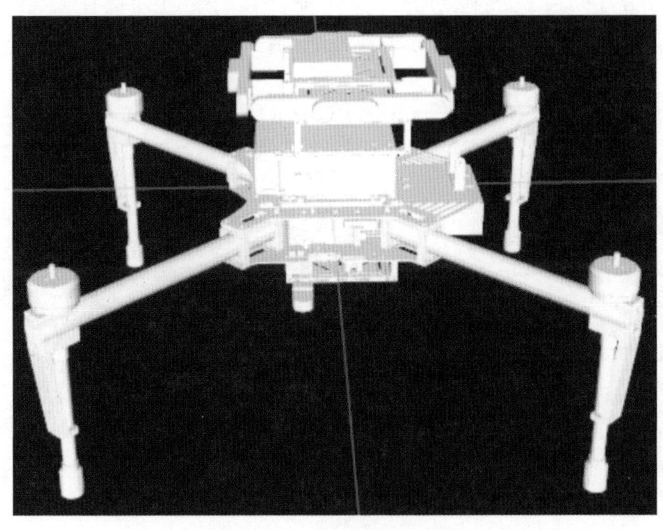

图 3.17　RViz 显示零件

如果在 Gazebo 显示则在终端运行：

```
roslaunch M100_Airframe__CAD2 gazebo.launch
```

显示模型如图 3.18 所示。

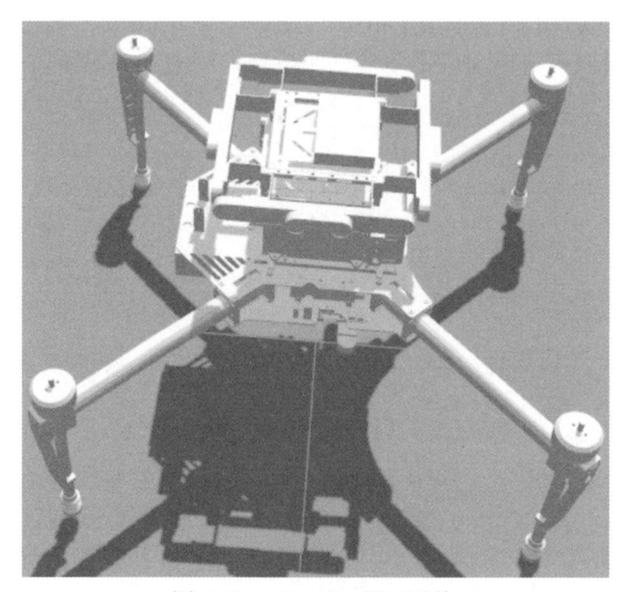

图 3.18 Gazebo 显示零件

使用 Sw_urdf_exporter 插件导出装配体需要配置好各个连接的父子关系、运动副类型、运动方向以及旋转轴等。以四旋翼桨的配置为例：首先确定模型的质心建立模型的坐标系，然后添加桨的坐标系结果如图 3.19 所示。

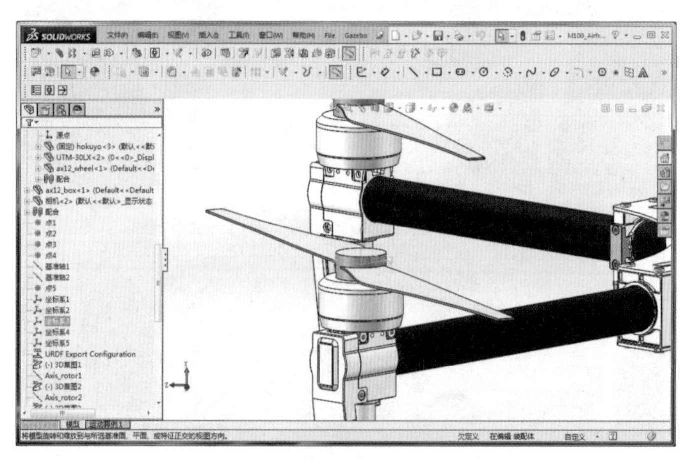

图 3.19 装配体添加坐标系

单击菜单栏的“file”菜单，点击“Export as URDF”弹出配置窗口如图 3.20 所示。图中“Link Name”是 URDF 模型的 `<link>` 标签的名字。由于是模型第一个 `<link>` 标签，所以设置成 base_link，选择对应的坐标系 (即质心坐标系，这里是“坐标系 1 ”)；“Link Components”是 `<link>` 标签包含的模型实体；“Number of child links”是子连接的数量，也就是运动副的个数。本例设置成一个，名字为“rotor1”表示第一个桨和“base_link”的连接。单击“rotor1”设置，结果如图 3.21 所示。其中“Joint Name”是 `<joint>` 标签的名字，参考坐标系选择桨

图 3.20 装配体设置 base_link

图 3.21 装配体添加 Link

的坐标系；“Reference Axis” 是选择旋转轴，关节类型选择连续。单击 “Preview and Export” 弹出输出配置窗口如图 3.22 所示。

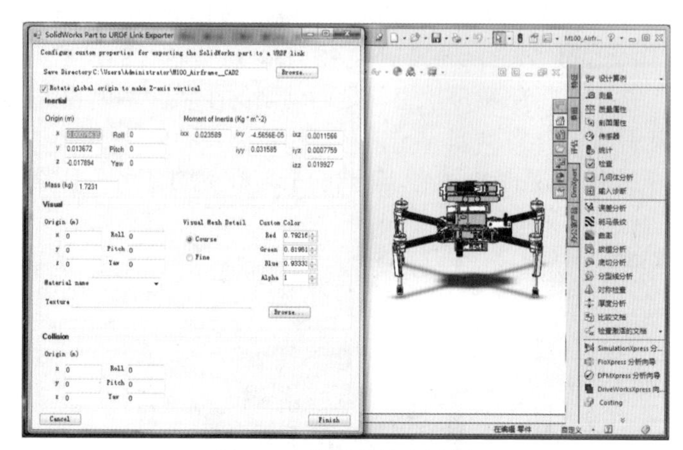

图 3.22 装配体输出配置

检查配置是否有错，单击 “Next” 直到结束。根据模型的复杂度和尺寸，转换时间有所不同，转换过程不要做其他操作。生成的装配体 URDF 文件部分如下：

```
<link
  name="base_link">
  <inertial>
    <origin
      xyz="0.0129181832191885 0.000801764048794784
          -0.0125899214261212"
      rpy="0 0 0" />
    <mass
      value="1.63774332707228" />
    <inertia
      ixx="0.0197516101270329"
      ixy="0.00116236689847167"
      ixz="-0.000495506763797355"
      iyy="0.0226256289612281"
      iyz="4.39381341590829E-05"
      izz="0.0306655734070119" />
  </inertial>
  <visual>
    <origin
      xyz="0 0 0"
      rpy="0 0 0" />
```

```
      <geometry>
        <mesh
          filename="package://M100_Airframe__CAD2/meshes/base_link.
              STL" />
      </geometry>
      <material
        name="">
        <color
          rgba="0.792156862745098 0.819607843137255
              0.933333333333333 1" />
      </material>
    </visual>
    <collision>
      <origin
        xyz="0 0 0"
        rpy="0 0 0" />
      <geometry>
        <mesh
          filename="package://M100_Airframe__CAD2/meshes/base_link.
              STL" />
      </geometry>
    </collision>
  </link>
```

在 RViz 显示结果如图 3.23 所示。

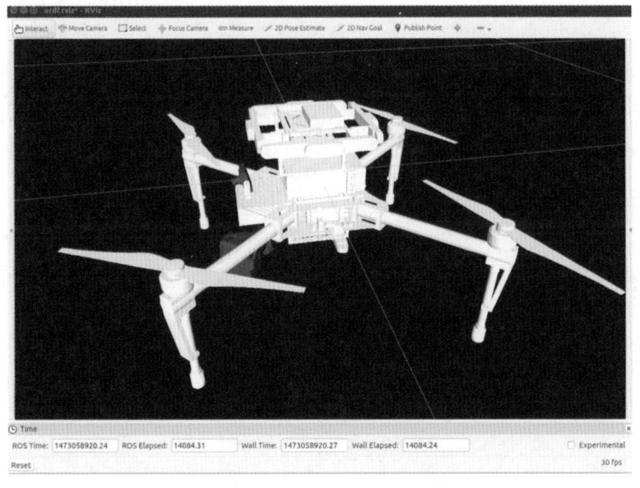

图 3.23　RViz 显示装配体

3.2.5 SDF 模型

相比 URDF 模型， SDF 模型可以构建更加复杂的机器人模型。 SDF 文件中包含了 <model> 元素，其中包含了连接 (<link>)、关节 (<joint>)、碰撞 (<collision>)、视觉 (<visual>)、插件 (<plugin>) 等元素。下面我们分别介绍其基本功能。

(1) <link> 元素。<link> 包含了机器人本体的物理属性。它可以是一个轮子，也可以是一个关节链中的连接。每一个 <link> 元素可以包含很多 <collision> 元素和 <visual> 元素。为了机器人的稳定性，设计机器人时应该尽量减少 <link> 元素。

① <collision> 元素。<collision> 封装了用于检测碰撞的几何特性。它可以是一个形状 (shape)，也可以是三角网格 (triangle mesh)。每一个 <link> 元素可以包含很多 <collision> 元素。

② <visual> 元素。<visual> 用于 <link> 元素的可视化。每一个 <link> 元素可以包含很多 <collision> 元素。<link> 元素也可以不包含 <collision> 元素。

③ <inertial> 元素。<inertial> 元素用于描述 <link> 元素的动态特性。如物体的质量。

④ <sensor> 元素。主要用于收集数据。每一个 <link> 元素可以包含很多 <sensor> 元素。<link> 元素也可以不包含 <sensor> 元素。

⑤ <light> 元素。用于描述光源。

(2) <joint> 元素。<joint> 元素用于连接两个 <link> 元素。在使用时需要一些参数指定其附属关系。

(3) <plugin> 元素。插件是第三方创建的库，用于控制模型。

下面我们以一个 box.sdf 为例，学习 SDF 模型搭建。该文件创建一个盒子，其中包含一个 <link> 元素。<link> 元素中又包含一个 <inertial> 元素，一个 <collision> 元素，一个 <visual> 元素。为了计算重心，<inertial> 元素中嵌套了一个 <inertial> 元素。需要注意的是默认情况几何中心为该盒子的中心，也是重心原点，这导致盒子在显示时会低于地面，因此我们将位姿调整为 <pose> 0 0 0.5 0 0 0</pose>。代码如下：

```
<?xml version='1.0'?>
<sdf version="1.4">
  <model name="my_model">
    <pose>0 0 0.5 0 0 0</pose>
    <static>true</static>
    <link name="link">
```

```
      <inertial>
        <mass>1.0</mass>
        <inertia>
        <ixx>0.083</ixx> <!--ixx=0.083*mass*(y*y+z*z)-->
        <ixy>0.0</ixy>   <!--ixy=0 -->
        <ixz>0.0</ixz>   <!--ixz=0 -->
        <iyy>0.083</iyy> <!--iyy=0.083*mass*(x*x+z*z)-->
        <iyz>0.0</iyz>   <!--iyz=0 -->
        <izz>0.083</izz> <!--izz=0.083*mass*(x*x+y*y)-->
        </inertia>
      </inertial>
      <collision name="collision">
        <geometry>
          <box>
            <size>1 1 1</size>
          </box>
        </geometry>
      </collision>
      <visual name="visual">
        <geometry>
          <box>
            <size>1 1 1</size>
          </box>
        </geometry>
      </visual>
    </link>
  </model>
</sdf>
```

3.3 Gazebo 示例：创建并使用 Velodyne 激光传感器

本节我们尝试使用 SDF 模型创建 Velodyne 激光传感器模型 [25]，并将其导入仿真环境 Gazebo 中进行测试[26]。

3.3.1 创建 Velodyne 模型

1. 创建一个新的世界文件 velodyne.world 和 SDF 模型文件

(1) 创建一个新的世界文件 velodyne.world

```
cd ~
gedit velodyne.world
```

(2) 在 velodyne.world 世界中添加地平面和灯光。

```
<?xml version="1.0" ?>
<sdf version="1.5">
  <world name="default">

    <!-- A global light source -->
    <include>
      <uri>model://sun</uri>
    </include>

    <!-- A ground plane -->
    <include>
      <uri>model://ground_plane</uri>
    </include>
  </world>
</sdf>
```

(3) Velodyne 基础模型导入世界文件 velodyne.world。Velodyne 激光雷达基础模型和尺寸参数如图 3.24 所示。

```
<model name="velodyne_hdl-32">
  <!-- Give the base link a unique name -->
  <link name="base">

    <!-- Offset the base by half the lenght of the cylinder -->
    <pose>0 0 0.029335 0 0 0</pose>
    <collision name="base_collision">
      <geometry>
        <cylinder>
          <!-- Radius and length provided by Velodyne -->
          <radius>.04267</radius>
          <length>.05867</length>
        </cylinder>
      </geometry>
    </collision>

    <!-- The visual is mostly a copy of the collision -->
    <visual name="base_visual">
      <geometry>
        <cylinder>
          <radius>.04267</radius>
```

```
        <length>.05867</length>
      </cylinder>
    </geometry>
  </visual>
</link>

<!-- Give the base link a unique name -->
<link name="top">

  <!-- Vertically offset the top cylinder by the length of the
      bottom
      cylinder and half the length of this cylinder. -->
  <pose>0 0 0.095455 0 0 0</pose>
  <collision name="top_collision">
    <geometry>
      <cylinder>
        <!-- Radius and length provided by Velodyne -->
        <radius>0.04267</radius>
        <length>0.07357</length>
      </cylinder>
    </geometry>
  </collision>

  <!-- The visual is mostly a copy of the collision -->
  <visual name="top_visual">
    <geometry>
      <cylinder>
        <radius>0.04267</radius>
        <length>0.07357</length>
      </cylinder>
    </geometry>
  </visual>
</link>
</model>
```

(4) 将新的世界文件 velodyne.world 导入场景，并暂停仿真。此时用户可看到由 <visual> 定义的外观元素 (图 3.25)。而 <collision> 部分中的参数负责定义与其他模型发生碰撞时的效果。如果用户想查看 <collision> 元素参数，可以通过鼠标右键点击模型，选择 View->Collisions 进行查看，此时可以看到两个橙色的圆柱体。

```
cd ~
gazebo velodyne.world -u
```

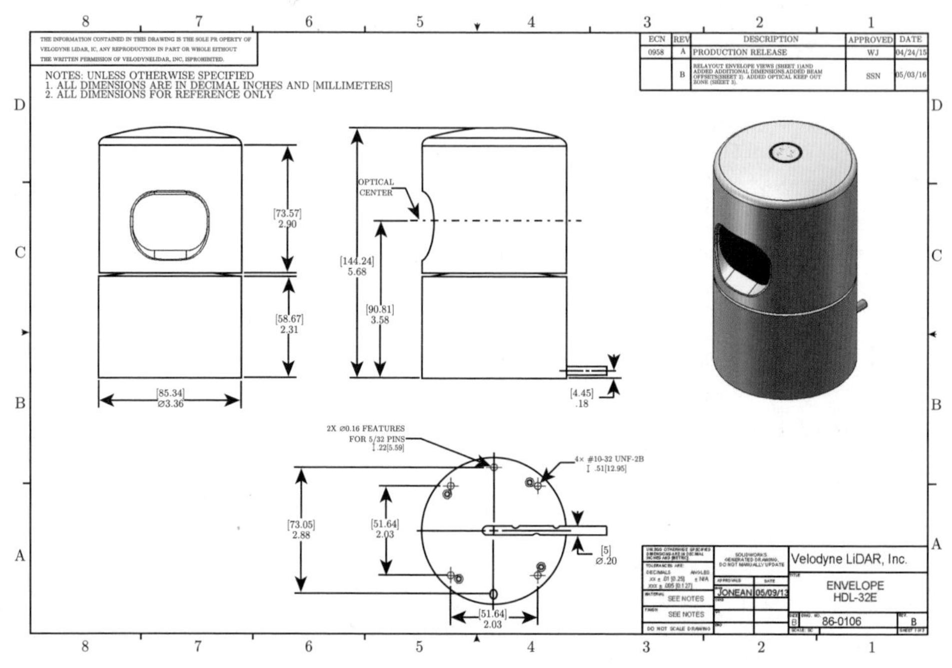

图 3.24　Velodyne 激光雷达基础模型参数

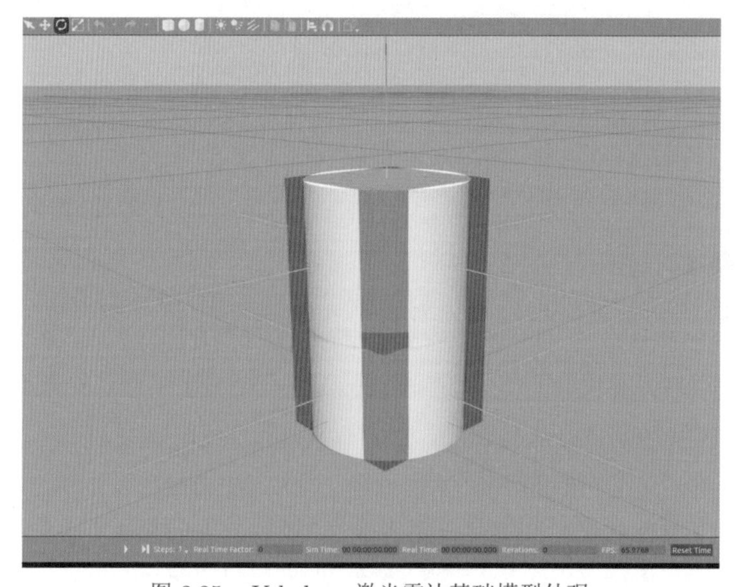

图 3.25　Velodyne 激光雷达基础模型外观

2. 添加惯性 (Inertia)

通过上述步骤的操作，我们得到了一个 Velodyne 模型，但是该模型目前没有包含诸如惯性矩之类的动态属性。在这一步，我们尝试添加惯性属性。

(1) 查看当前惯性值：在 Gazebo 窗口中，右键单击 Velodyne 模型，然后选择 View->Inertia，将会出现两个紫色长方体。

(2) 我们可以指定质量矩阵和惯性矩阵来设置惯性属性。此处以 Velodyne 雷达的实际质量作为参考 (1.3kg)。可以将下面 base 连接惯性属性设置代码拷贝至世界文件 velodyne.world 中的 <inertial> 相应位置。

```
<model name="velodyne_hdl-32">
  <link name="base">
    <pose>0 0 0.029335 0 0 0</pose>
    <inertial>
      <mass>1.2</mass>
      <inertia>
        <ixx>0.001087473</ixx>
        <iyy>0.001087473</iyy>
        <izz>0.001092437</izz>
        <ixy>0</ixy>
        <ixz>0</ixz>
        <iyz>0</iyz>
      </inertia>
    </inertial>
```

类似的,将下面 top 连接惯性属性设置代码拷贝至世界文件 velodyne.world 中的 <inertial> 相应位置。

```
<link name="top">
  <pose>0 0 0.095455 0 0 0</pose>
  <inertial>
    <mass>0.1</mass>
    <inertia>
      <ixx>0.000090623</ixx>
      <iyy>0.000090623</iyy>
      <izz>0.000091036</izz>
      <ixy>0</ixy>
      <ixz>0</ixz>
      <iyz>0</iyz>
    </inertia>
  </inertial>
```

(3) 在惯性值适当的情况下，可视化效果应类似于图 3.26。

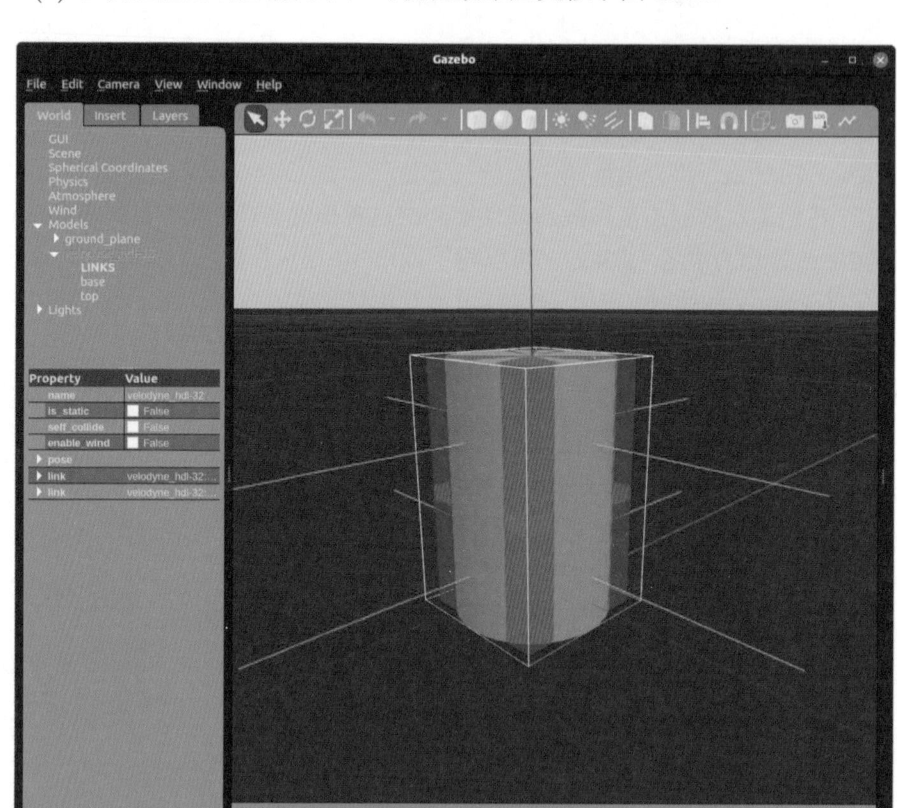

图 3.26　Velodyne 激光雷达基础模型添加惯性

3. 添加关节

关节 (joint) 定义了连接 (link) 之间的约束。在机器人领域，最常见的关节类型是 revolute。 SDF 官网[24] 给出了完整的机器人关节列表。关节也是可以可视化的。 Gazebo 窗口中，右键单击模型，然后选择 View->Joints。由于关节通常位于模型中，必须使模型透明才能看到关节的可视化效果 (右键单击模型并选择 View->Transparent)。

(1) 在 Velodyne 模型中添加一个旋转关节。打开 SDF 文件，并在 </model> 标签之前添加一个 revolute 关节。

```
<!-- Each joint must have a unique name -->
<joint type="revolute" name="joint">
```

```
  <!-- Position the joint at the bottom of the top link -->
  <pose>0 0 -0.036785 0 0 0</pose>

  <!-- Use the base link as the parent of the joint -->
  <parent>base</parent>

  <!-- Use the top link as the child of the joint -->
  <child>top</child>

  <!-- The axis defines the joint's degree of freedom -->
  <axis>

    <!-- Revolve around the z-axis -->
    <xyz>0 0 1</xyz>

    <!-- Limit refers to the range of motion of the joint -->
    <limit>

      <!-- Use a very large number to indicate a continuous
          revolution -->
      <lower>-10000000000000000</lower>
      <upper>10000000000000000</upper>
    </limit>
  </axis>
</joint>
```

(2) 运行 velodyne.world 世界，暂停并可视化关节 (图 3.27)。右键单击模型，然后选择 View->Joints。右键单击模型，然后选择 View->Transparent。

```
gazebo velodyne.world -u
```

(3) 我们还可以使用“关节命令”图形工具来验证关节是否正确旋转。在仿真开启的状态下，用鼠标拖动右侧面板，然后选择 Velodyne 模型。

(4) 在 Force 选项卡中设置向关节施加 0.001 磅的力即可。将仿真设置为执行的状态，可看到可视化的关节开始围绕模型的 Z 轴旋转 (图 3.28)。

4. 添加传感器

传感器用于从环境或模型中生成数据。在本节中，我们将为 Velodyne 模型添加传感器，传感器可以发出一个或多个光束，这些光束会产生距离以及亮度数据。

在 SDF 文件中，传感器是由 <scan> 和 <range> 两部分组成。 <scan> 元素定义波束的布局和数量， <range> 元素限定一个单独光束的性质。

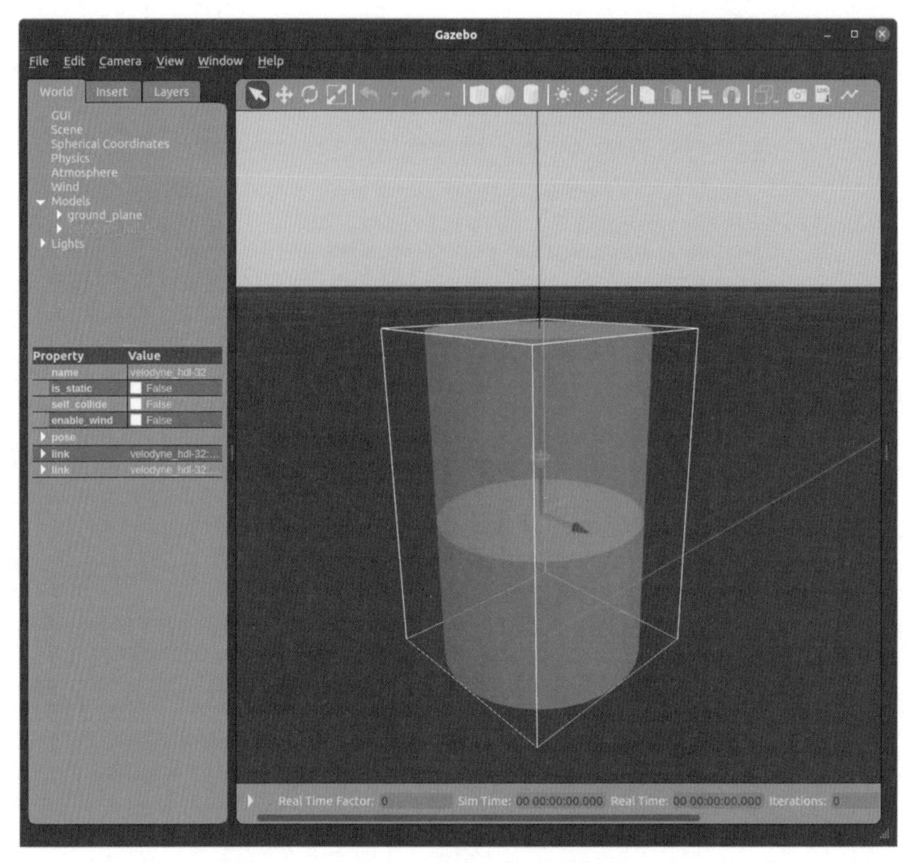

图 3.27　Velodyne 激光雷达基础模型：关节

<scan> 元素包含 <horizontal> 和 <vertical> 两个子元素。<horizontal> 元素定义在水平平面中发出的光线， <vertical> 组件定义在垂直平面中发出的光线。

Velodyne 传感器需要以垂直的方式排列射线，然后旋转。在 Gazebo 中可视化数据会更容易一些，因此将其模拟为旋转的水平风扇。 Velodyne HDL-32 具有 32 束光线，垂直方向上的视野角度在 +10.67 到 −30.67 度之间。

(1) 添加传感器。将以下内容复制到 velodyne.world 世界文件中的 <link name =“top”> 元素中。

```
<!-- Add a ray sensor, and give it a name -->
<sensor type="ray" name="sensor">

  <!-- Position the ray sensor based on the specification. Also
      rotate it by 90 degrees around the X-axis so that the <
```

```
      horizontal> rays become vertical -->
  <pose>0 0 -0.004645 1.5707 0 0</pose>

  <!-- Enable visualization to see the rays in the GUI -->
  <visualize>true</visualize>

  <!-- Set the update rate of the sensor -->
  <update_rate>30</update_rate>
</sensor>
```

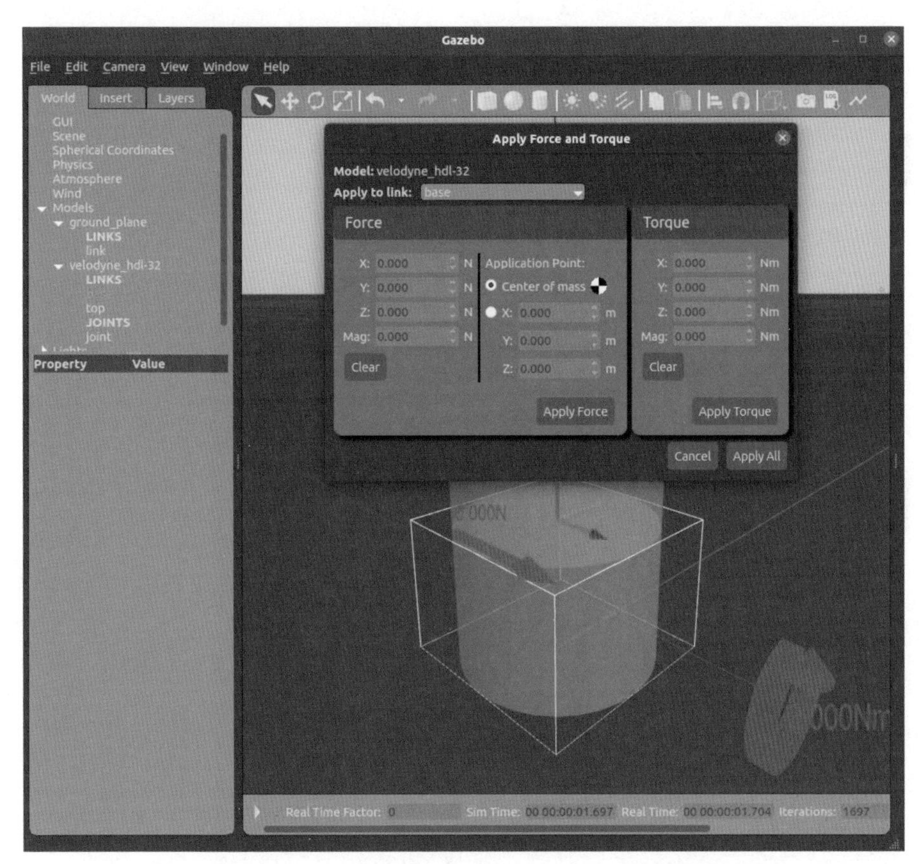

图 3.28 Velodyne 激光雷达基础模型：关节旋转

(2) 然后添加 <ray> 元素，该元素中定义了 <scan> 和 <range> 元素。将下面代码插入 <sensor> 元素内 (推荐放在 <update_rate> 元素正下方)。注意：为了简化模型，此处只是插入了水平光束。

```
<ray>

  <!-- The scan element contains the horizontal and vertical beams.
     -->
  <scan>

    <!-- The horizontal beams -->
    <horizontal>
      <!-- The velodyne has 32 beams(samples) -->
      <samples>32</samples>

      <!-- Resolution is multiplied by samples to determine number
          of simulated beams vs interpolated beams.-->
      <resolution>1</resolution>

      <!-- Minimum angle in radians -->
      <min_angle>-0.53529248</min_angle>

      <!-- Maximum angle in radians -->
      <max_angle>0.18622663</max_angle>
    </horizontal>
  </scan>

  <!-- Range defines characteristics of an individual beam -->
  <range>

    <!-- Minimum distance of the beam -->
    <min>0.05</min>

    <!-- Maximum distance of the beam -->
    <max>70</max>

    <!-- Linear resolution of the beam -->
    <resolution>0.02</resolution>
  </range>
</ray>
```

(3) 再次启动仿真，在非仿真暂停的状态下，可以看到 Velodyne 传感器发出的 32 个光束。结果如图 3.29 所示。

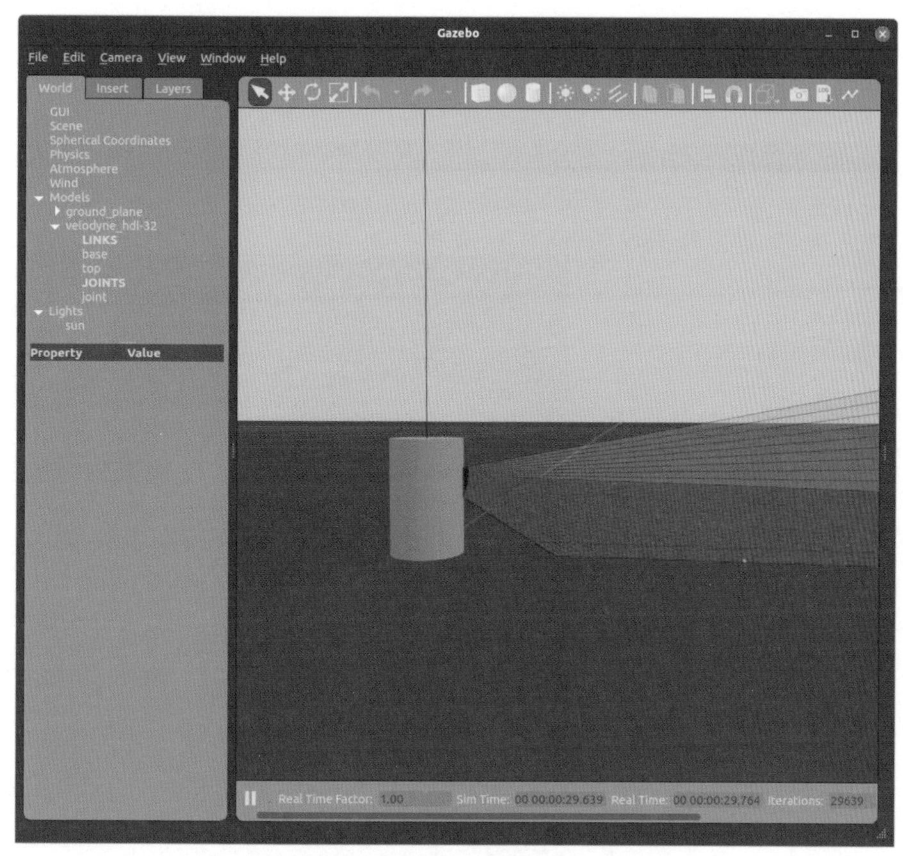

图 3.29 Velodyne 激光雷达基础模型：发射激光光束

3.3.2 添加 Velodyne 模型外观信息

如果传感器和机器人具有各种纹理和相应的 3D 网格，可以提升视觉效果。在本节中我们使用 Velodyne 官方网站上提供的 3D 模型来改善模型的视觉效果。

Velodyne 官方网站上提供了 HDL-32 的 STEP 文件。在 Gazebo 中只能使用 STL、OBJ 或 Collada 格式的文件，因此我们首先需要转换模型格式，然后添加到模型中。

1. 建立模型文件

(1) 首先从 Velodyne 官方网站下载 STEP 文件。然后通过 Freecad 软件下载并打开 STEP 文件。

```
sudo apt-get install freecad
freecad ~/Downloads/HDL32E_Outline_Model.STEP
```

(2) 在软件界面左侧面板中单击选中 HDL-32 轮廓模型，选择 Velodyne 的底座 (也可以通过菜单栏 View => Workbench => Arch 找到)，如图 3.30 所示。

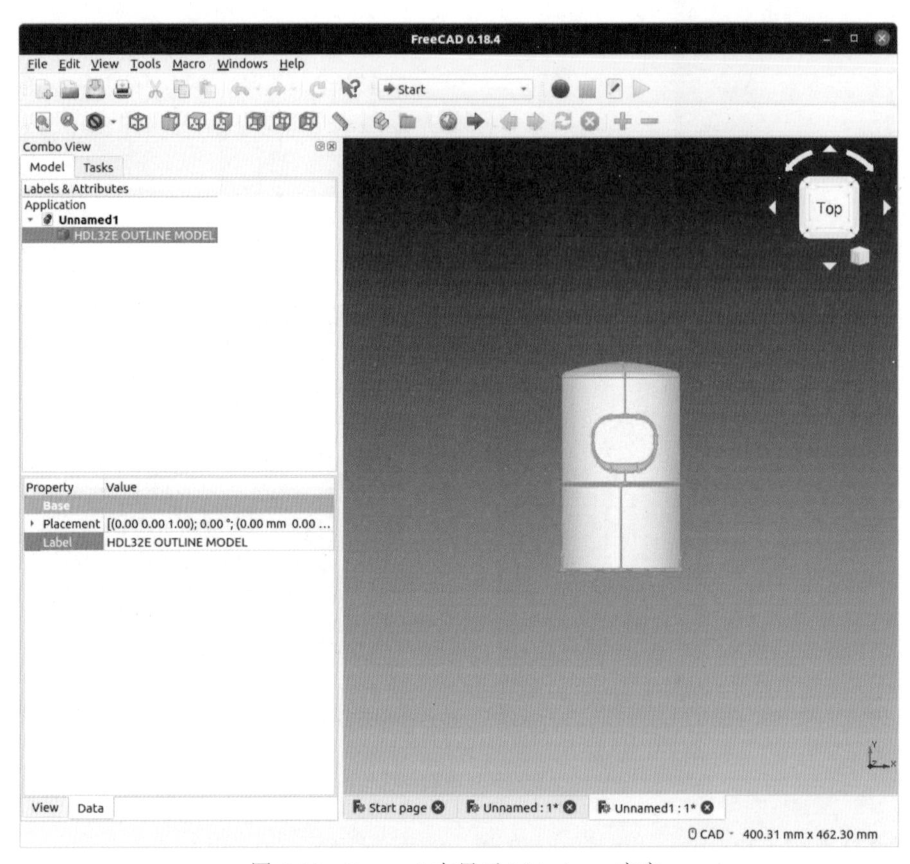

图 3.30　Freecad 中显示 Velodyne 底座

(3) 将 Collada 导出到 velodyne_base.dae 文件。

```
File->Export
```

(4) 我们需要在 Blender 中修改 velodyne_base.dae 文件，因为模型的度量单位是错误的，同时设置模型网格以原点为中心。

```
blender
```

(5) 导入 velodyne_base.dae 文件，如图 3.31 所示。

```
File->Import->Collada
```

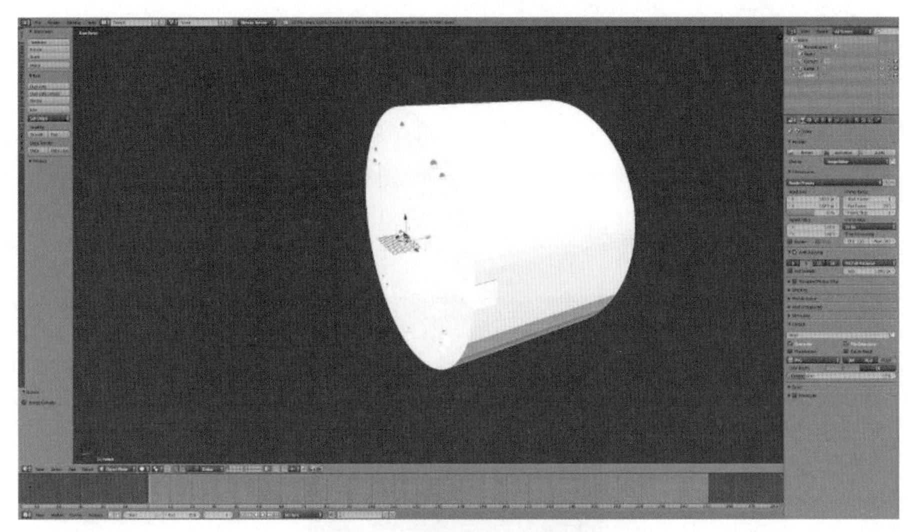

图 3.31 导入 velodyne_base.dae 文件

(6) 模型原本的单位是毫米，在 Gazebo 中默认单位是米。因此，我们需要修改度量单位。模型的位姿也是错误的，其顶部应该朝向 Z 轴。先在 Blender 的右侧工具栏的最上面选中模型，然后在左侧的 Tools 选项卡中的 Transform 中找到 Scale，其大小应该修改为 0.001。同时应该将模型绕 X 轴旋转 90 度，也可以在 Rotate 中设置 X 值为 90。结果如图 3.32 所示。

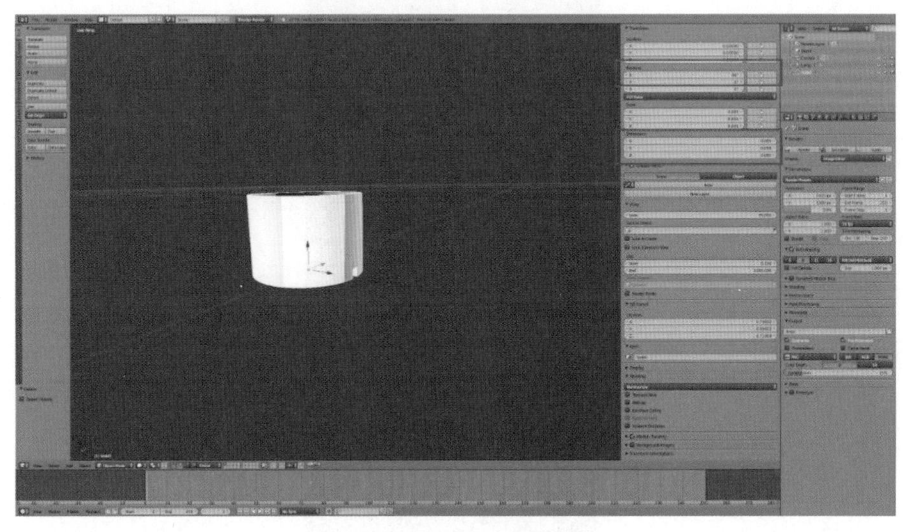

图 3.32 blender 中调整尺度

(7) 将网格导出为 Collada 文件。

```
File->Export->Collada
```

(8) 对 Velodyne 模型的上面部分进行同样操作。在 FreeCAD 中将“HDL32E OUTLINE MODEL006”导出为 velodyne_base.dae。平移网格,使得底部在 XY 平面上，点击两次左上方的 Translate 按钮，将模型沿 Z 轴向下移动 −0.06096，如图 3.33 所示。

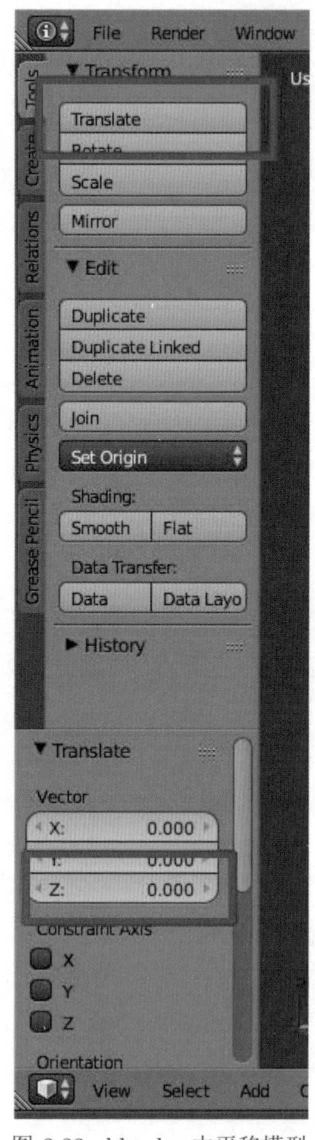

图 3.33 blender 中平移模型

通过上述操作，我们得到两个 Collada 文件： velodyne_base.dae 和 velodyne_top.dae。用户也可以通过 github 下载这两个文件。

2. 添加模型至 SDF 文件

在本节中，我们创建 Velodyne SDF 模型，并添加网格文件 velodyne_base.dae 和 velodyne_top.dae 到 SDF 文件。

(1) Gazebo 默认模型存放在 .gazebo/models 文件夹中，因此我们将创建的文件放在默认文件夹中。然后使用 gedit 编辑该文件。

```
mkdir ~/.gazebo/models/velodyne_hdl32
gedit ~/.gazebo/models/velodyne_hdl32/model.config
```

(2) 将以下内容复制到 model.config 文件中。注意，model.config 文件引用了 model.sdf 文件。该 model.sdf 文件包含 Velodyne 激光传感器的描述信息。

```
<?xml version="1.0"?>

<model>
  <name>Velodyne HDL-32</name>
  <version>1.0</version>
  <sdf version="1.5">model.sdf</sdf>

  <author>
    <name>Optional: YOUR NAME</name>
    <email>Optional: YOUR EMAIL</email>
  </author>

  <description>
    A model of a Velodyne HDL-32 LiDAR sensor.
  </description>

</model>
```

(3) 我们首先创建 model.sdf 文件。

```
gedit ~/.gazebo/models/velodyne_hdl32/model.sdf
```

(4) 将 velodyne.world 的内容复制到 model.sdf，保留 <xml>，<sdf> 和 <model> 标记，删除世界 <world> 开始和结束标签，包含 <include> 标签。到这一步，我们可以启动 Gazebo 软件，在左侧插入选项卡中看到 Velodyne HDL-32，此时可以选中该选项，然后将激光传感器导入 Gazebo 窗口中间的场景中 (图 3.34)。

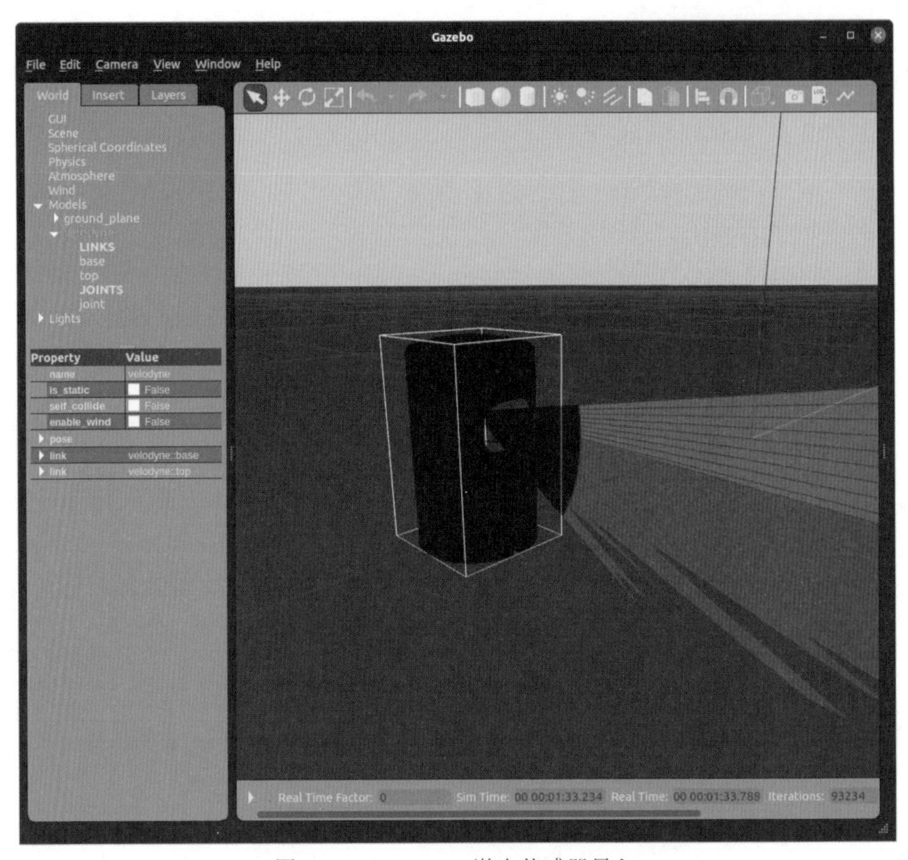

图 3.34　Velodyne 激光传感器导入

3. 使用网格

(1) 我们首先创建文件夹 meshes。然后将两个 Collada 文件复制到该文件夹。

```
mkdir ~/.gazebo/models/velodyne_hdl32/meshes
cp velodyne_base.dae ~/.gazebo/models/velodyne_hdl32/meshes
cp velodyne_top.dae ~/.gazebo/models/velodyne_hdl32/meshes
```

(2) 随后打开 model.sdf 文件。在 <visual name=“top_visual”> 元素内，用 <mesh> 元素替换 <cylinder>。

```
<visual name="top_visual">
  <geometry>
    <!-- The mesh tag indicates that we will use a 3D mesh as
         a visual -->
    <mesh>
      <!-- The URI should refer to the 3D mesh.  -->
```

```
      <uri>model://velodyne_hdl32/meshes/velodyne_top.dae</uri>
    </mesh>
  </geometry>
</visual>
```

(3) 在 Gazebo 界面左侧 Insert 选项卡中，插入另一个 Velodyne HDL-32 模型。结果如图 3.35 所示。

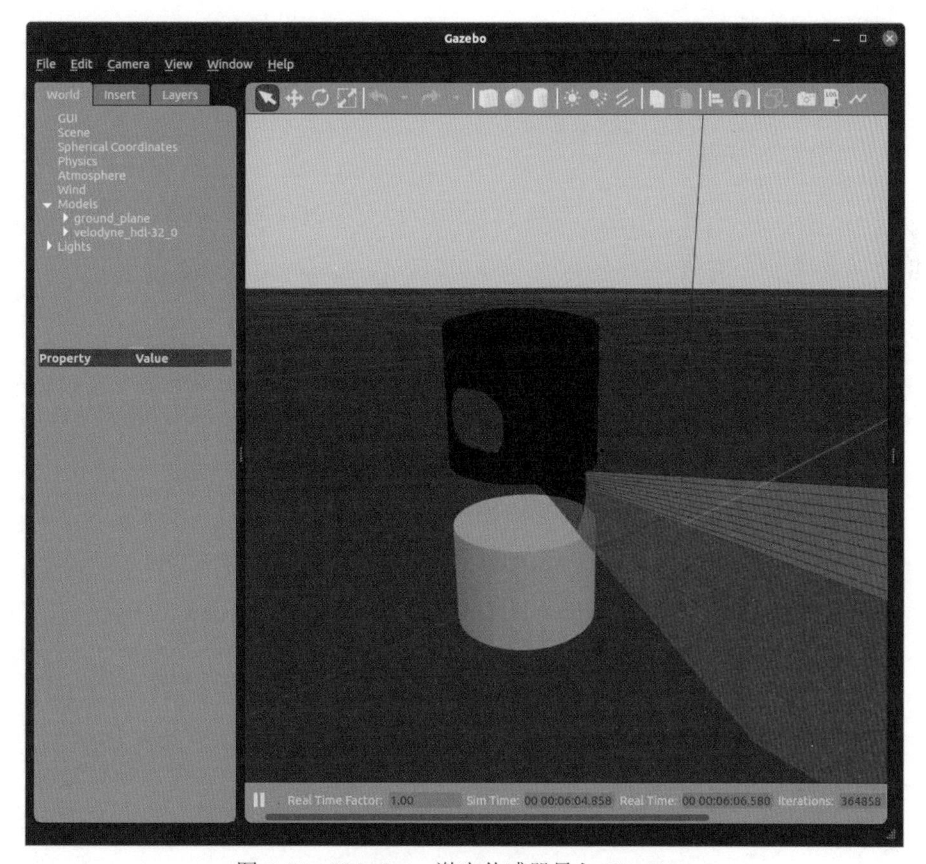

图 3.35 Velodyne 激光传感器导入 Gazebo

(4) 注意，如果导入的激光传感器没有上下对齐，有垂直偏移现象。这是因为网格的坐标系与 SDF 连接的坐标系不完全匹配。我们可以在 Blender 中编辑网格以移动网格，也可以在 SDF 中定义它们的位置。

```
<visual name="top_visual">
  <!-- Lower the mesh by half the height, and rotate by 90 degrees
    -->
```

```
  <pose>0 0 -0.0376785 0 0 1.5707</pose>
  <geometry>
    <mesh>
      <uri>model://velodyne_hdl32/meshes/velodyne_top.dae</uri>
    </mesh>
  </geometry>
</visual>
```

(5) 类似地可以添加 velodyne_base 模型。最终结果如图 3.36 所示。

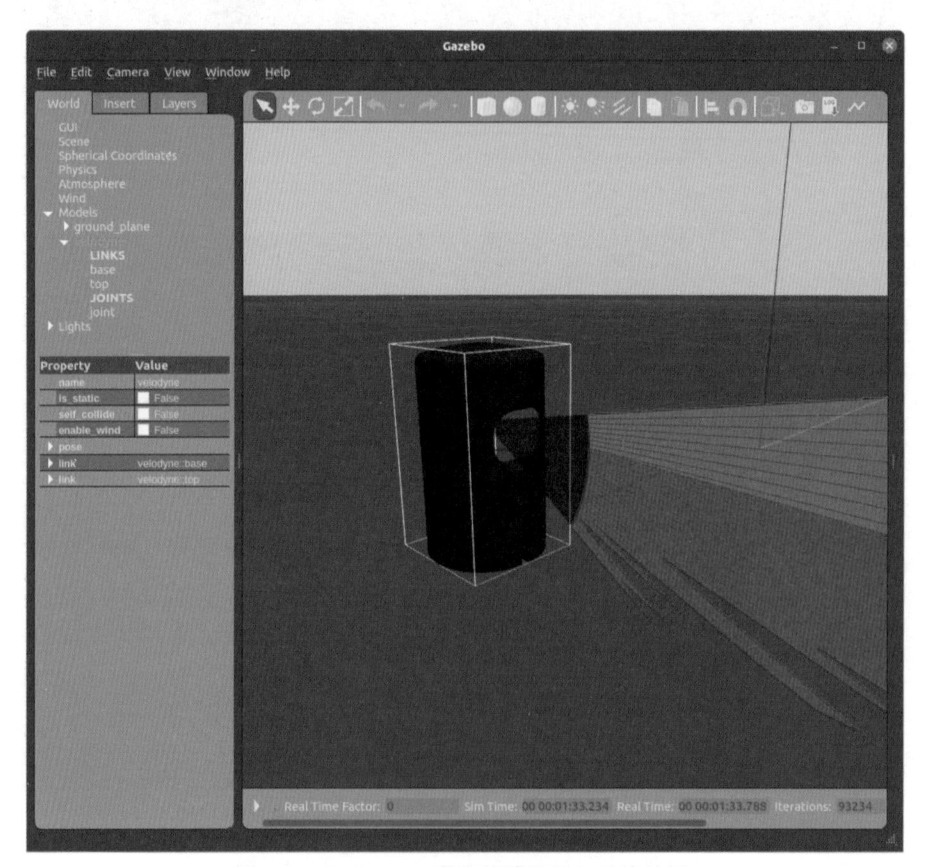

图 3.36　Velodyne 激光传感器导入最终结果

```
<visual name="base_visual">
  <!-- Offset the visual by have the base's height. We are not
     rotating mesh since symmetrical -->
  <pose>0 0 -0.029335 0 0 0</pose>
  <geometry>
```

```
    <mesh>
      <uri>model://velodyne_hdl32/meshes/velodyne_base.dae</uri>
    </mesh>
  </geometry>
</visual>
```

3.3.3 添加 Velodyne 模型控制插件

插件是由 Gazebo 在运行时加载的 C++ 库。插件可以访问 Gazebo 的 API，该 API 允许插件执行各种各样的任务，包括移动对象、添加/删除对象以及访问传感器数据。

1. 创建工作区

```
mkdir ~/velodyne_plugin
cd ~/velodyne_plugin
```

2. 创建插件源文件 velodyne_plugin.cc

```
#ifndef _VELODYNE_PLUGIN_HH_
#define _VELODYNE_PLUGIN_HH_

#include <gazebo/gazebo.hh>
#include <gazebo/physics/physics.hh>

namespace gazebo
{
  /// \brief A plugin to control a Velodyne sensor.
  class VelodynePlugin : public ModelPlugin
  {
    /// \brief Constructor
    public: VelodynePlugin() {}

    /// \brief The load function is called by Gazebo when the plugin
         is inserted into simulation
    /// \param[in] _model A pointer to the model that this plugin is
         attached to.
    /// \param[in] _sdf A pointer to the plugin's SDF element.
    public: virtual void Load(physics::ModelPtr _model, sdf::
        ElementPtr _sdf)
    {
      // Just output a message for now
```

```
    std::cerr << "\nThe velodyne plugin is attach to model[" <<
        _model->GetName() << "]\n";
  }
};

// Tell Gazebo about this plugin, so that Gazebo can call Load on
    this plugin.
GZ_REGISTER_MODEL_PLUGIN(VelodynePlugin)
}
#endif
```

3. 创建 CMake 编译脚本文件 CMakeLists.txt

```
cmake_minimum_required(VERSION 2.8 FATAL_ERROR)

# Find Gazebo
find_package(gazebo REQUIRED)
include_directories(${GAZEBO_INCLUDE_DIRS})
link_directories(${GAZEBO_LIBRARY_DIRS})
set(CMAKE_CXX_FLAGS "${CMAKE_CXX_FLAGS} ${GAZEBO_CXX_FLAGS}")

# Build our plugin
add_library(velodyne_plugin SHARED velodyne_plugin.cc)
target_link_libraries(velodyne_plugin ${GAZEBO_LIBRARIES})
```

4. 将插件连接到 Velodyne 激光传感器

创建 velodyne.world 文件，并添加如下 SDF 格式代码。

```
<?xml version="1.0" ?>
<sdf version="1.5">
  <world name="default">
    <!-- A global light source -->
    <include>
      <uri>model://sun</uri>
    </include>
    <!-- A ground plane -->
    <include>
      <uri>model://ground_plane</uri>
    </include>

    <!-- A testing model that includes the Velodyne sensor model -->
```

```
    <model name="my_velodyne">
      <include>
        <uri>model://velodyne_hdl32</uri>
      </include>

      <!-- Attach the plugin to this model -->
      <plugin name="velodyne_control" filename="libvelodyne_plugin.
          so"/>
    </model>

  </world>
</sdf>
```

5. 编译测试

首先创建 build 文件夹，然后进行编译，并测试结果。

```
mkdir build
cd build
cmake ..
make

cd ~/velodyne_plugin/build
gazebo --verbose ../velodyne.world
```

如果没有错误，在终端将显示如下结果：

```
The velodyne plugin is attached to model[my_velodyne]
```

6. Velodyne 运行

现在有了一个基本插件，下面在 Gazebo 让激光传感器运行起来，可以看到它在旋转。我们使用一个简单的 PID 控制器来控制 Velodyne 关节的速度。打开 /velodyne_plugin/velodyne_plugin.cc 文件，修改 Load 函数：

```
public: virtual void Load(physics::ModelPtr _model, sdf::ElementPtr
    _sdf)
{
  // Safety check
  if (_model->GetJointCount() == 0)
  {
    std::cerr << "Invalid joint count, Velodyne plugin not loaded\n"
        ;
```

```
    return;
  }

  // Store the model pointer for convenience.
  this->model = _model;

  // Get the first joint. We are making an assumption about the
      model having one joint that is the rotational joint.
  this->joint = _model->GetJoints()[0];

  // Setup a P-controller, with a gain of 0.1.
  this->pid = common::PID(0.1, 0, 0);

  // Apply the P-controller to the joint.
  this->model->GetJointController()->SetVelocityPID(
      this->joint->GetScopedName(), this->pid);

  // Set the joint's target velocity. This target velocity is just
      for demonstration purposes.
  this->model->GetJointController()->SetVelocityTarget(
      this->joint->GetScopedName(), 10.0);
}
```

在 Load 函数下方，添加如下代码：

```
/// \brief Pointer to the model.
private: physics::ModelPtr model;

/// \brief Pointer to the joint.
private: physics::JointPtr joint;

/// \brief A PID controller for the joint.
private: common::PID pid;
```

重新编译并运行 Gazebo，可以看到 Velodyne 在旋转。

```
cd ~/velodyne_plugin/build
make
gazebo --verbose ../velodyne.world
```

7. 插件配置

在本节中，我们将修改插件以读取自定义 SDF 参数，该参数是 Velodyne 的指定速度。打开 /velodyne_plugin/velodyne.world 文件，修改 <plugin> 以包含一个新 <velocity> 元素。

```
<plugin name="velodyne_control" filename="libvelodyne_plugin.so">
  <velocity>25</velocity>
</plugin>
```

在插件的 Load 函数中读取此值。使用参数 sdf::ElementPtr 读取 Load 函数末尾的速度值 <velocity>。

```
// Default to zero velocity
double velocity = 0;

// Check that the velocity element exists, then read the value
if (_sdf->HasElement("velocity"))
  velocity = _sdf->Get<double>("velocity");

// Set the joint's target velocity. This target velocity is just for
     demonstration purposes.
this->model->GetJointController()->SetVelocityTarget(this->joint->
    GetScopedName(), velocity);
```

重新编译并运行 Gazebo，可以看到 Velodyne 运行效果。

```
cd ~/velodyne_plugin/build
cmake ../
make
gazebo --verbose ../velodyne.world
```

3.3.4　安装 Velodyne 至机器人并测试

经过上一节的配置，我们已经可以让 Velodyne 激光传感器运行起来，下一步，我们可以在 Gazebo 修改参数，配置更高分辨率的激光传感器。如图 3.37 和图 3.38所示，展示了我们将 Velodyne 激光传感器线数修改为 64 线和 200 线，然后导入 Gazebo 进行仿真，最后在可视化软件 RViz 中显示激光点云的测试结果。

图 3.37 Velodyne 64 线扫描到的激光点云

图 3.38 Velodyne 200 线扫描到的激光点云

3.4 Gazebo 示例：搭建移动机器人

上一节，我们创建了一个 Velodyne 激光传感器模型，并在 Gazebo 中进行仿真。本节，我们尝试创建一个移动机器人模型并在 Gazebo 中进行仿真。

3.4.1 搭建 Robot 模型

1. 创建模型文件夹

我们首先创建模型文件夹，用于存放相关文件，其中 model.config 文件用于描述带有元数据的机器人， model.sdf 文件用于包含一个名为 my_robot 的机器人模型。

```
mkdir -p ~/.gazebo/models/my_robot
gedit ~/.gazebo/models/my_robot/model.config
```

然后将下面代码放入 model.config 文件。

```
<?xml version="1.0"?>
<model>
  <name>My Robot</name>
  <version>1.0</version>
  <sdf version='1.4'>model.sdf</sdf>

  <author>
   <name>My Name</name>
   <email>me@my.email</email>
  </author>

  <description>
    My awesome robot.
  </description>
</model>
```

使用 gedit 创建 model.sdf 文件。

```
gedit ~/.gazebo/models/my_robot/model.sdf
```

然后将下面代码放入 model.sdf 文件。可以看到，这个 SDF 文件现在只有 5 行代码，只是写入了模型名称。

```
<?xml version='1.0'?>
<sdf version='1.4'>
  <model name="my_robot">
  </model>
</sdf>
```

2. 搭建模型结构

在这一步，我们将创建一个长方体作为机器人的底座，然后给机器人添加两个轮子和一个脚轮。

首先，编辑 model.sdf 文件，在机器人名字 <model name="my_robot"> 这一行代码下添加一行代码以保持机器人处于静止状态。随后添加长方体底座。这个长方体底座尺寸为 $0.4 \times 0.2 \times 0.1$，单位为米。 collision 元素指定了碰撞检测的参数。 visual 元素指定了形状。在大部分情况下，这两个元素是一样的。不同之处在于，有些时候我们使用简化版的 collision 元素，而 visual 元素使用了复杂的网格 (mesh) 以增加视觉效果，就像我们在上一节 Velodyne 模型中做的。

```
<?xml version='1.0'?>
```

```
<sdf version='1.4'>
  <model name="my_robot">
  <static>true</static>
  <link name='chassis'>
   <pose>0 0 .1 0 0 0</pose>

   <collision name='collision'>
    <geometry>
     <box>
      <size>.4 .2 .1</size>
     </box>
    </geometry>
   </collision>

   <visual name='visual'>
    <geometry>
     <box>
      <size>.4 .2 .1</size>
     </box>
    </geometry>
   </visual>
   </link>
  </model>
</sdf>
```

我们可以启动 Gazebo，在其左侧面板的插入选项卡找到 my_robot 机器人模型。将其选中并插入到中间场景中，效果如图 3.39 所示。

随后，我们可以再添加一个脚轮 (caster) 到机器人模型中。这个脚轮是一个没有摩擦力的球。这种球由于对物理引擎约束更少，因此效果更好。在 model.sdf 文件的 </link> 代码前面添加如下代码。

```
          <collision name='caster_collision'>
            <pose>-0.15 0 -0.05 0 0 0</pose>
            <geometry>
                <sphere>
                <radius>.05</radius>
              </sphere>
            </geometry>

            <surface>
              <friction>
```

```
          <ode>
            <mu>0</mu>
            <mu2>0</mu2>
            <slip1>1.0</slip1>
            <slip2>1.0</slip2>
          </ode>
        </friction>
      </surface>
    </collision>

    <visual name='caster_visual'>
      <pose>-0.15 0 -0.05 0 0 0</pose>
      <geometry>
        <sphere>
          <radius>.05</radius>
        </sphere>
      </geometry>
    </visual>
```

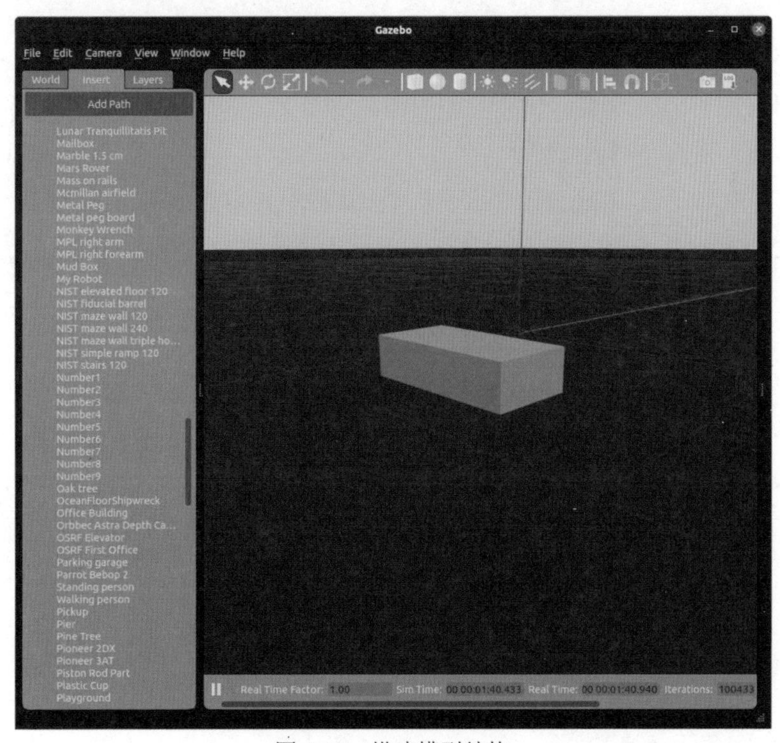

图 3.39 搭建模型结构

然后我们在 Gazebo 左侧面板的插入选项卡找到 my_robot 机器人模型。效果如图 3.40 所示。

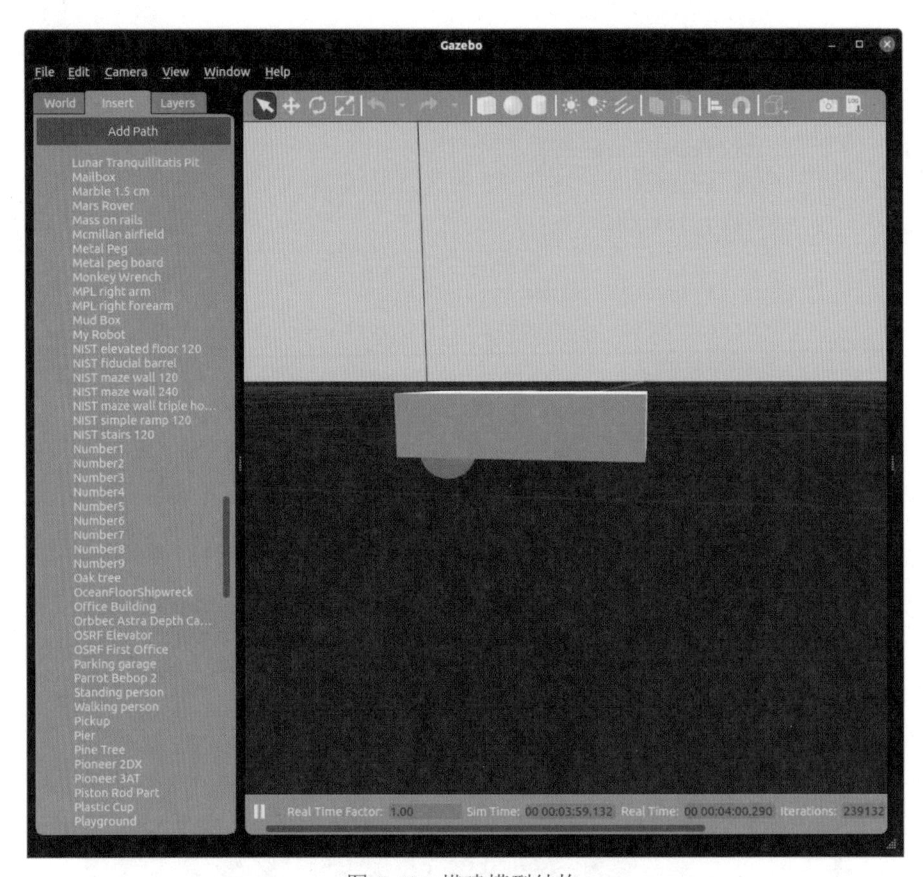

图 3.40　搭建模型结构

下一步，我们添加一个左前轮，在 model.sdf 文件的 </model> 代码前面添加如下代码。

```
<link name="left_wheel">
  <pose>0.1 0.13 0.1 0 1.5707 1.5707</pose>
  <collision name="collision">
    <geometry>
      <cylinder>
        <radius>.1</radius>
        <length>.05</length>
      </cylinder>
    </geometry>
```

```
      </collision>
      <visual name="visual">
        <geometry>
          <cylinder>
            <radius>.1</radius>
            <length>.05</length>
          </cylinder>
        </geometry>
      </visual>
    </link>
```

我们可以启动 Gazebo，在其左侧面板的插入选项卡找到 my_robot 机器人模型。将其选中并插入到中间场景中，效果如图 3.41 所示。

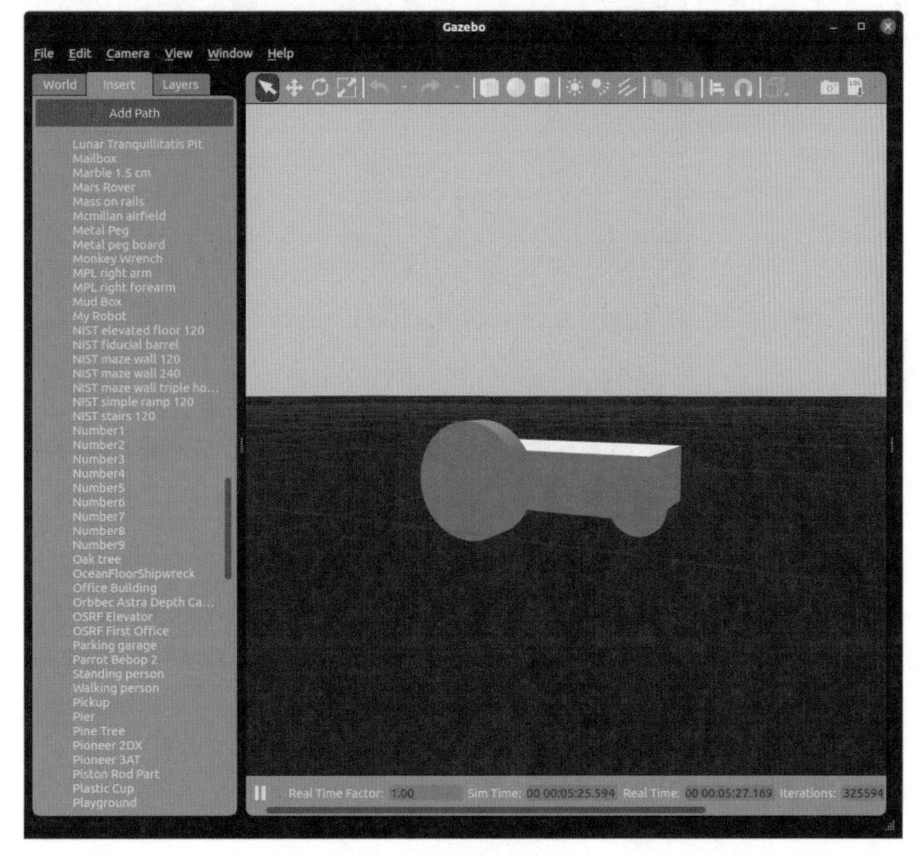

图 3.41 添加左前轮

随后添加右前轮。我们可以启动 Gazebo，在其左侧面板的插入选项卡找到 my_robot 机器人模型。将其选中并插入到中间场景中，效果如图 3.42 所示。

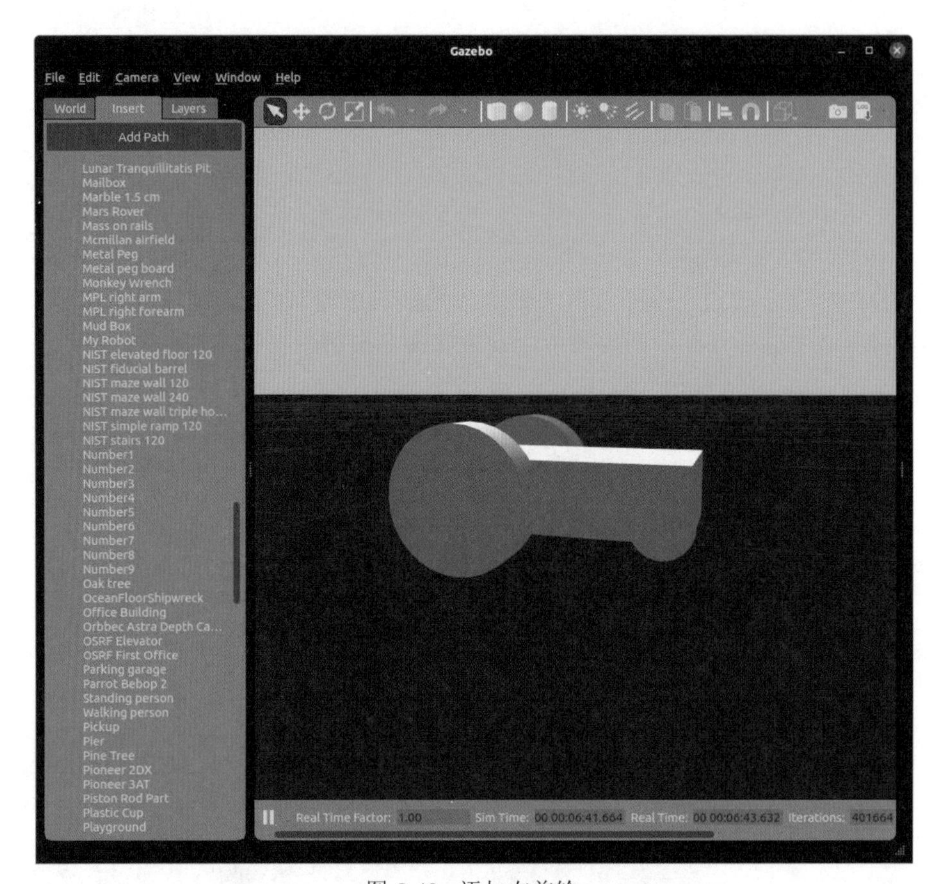

图 3.42　添加右前轮

```
<link name="right_wheel">
  <pose>0.1 -0.13 0.1 0 1.5707 1.5707</pose>
  <collision name="collision">
    <geometry>
      <cylinder>
        <radius>.1</radius>
        <length>.05</length>
      </cylinder>
    </geometry>
  </collision>
  <visual name="visual">
```

```
        <geometry>
          <cylinder>
            <radius>.1</radius>
            <length>.05</length>
          </cylinder>
        </geometry>
      </visual>
    </link>
```

最后，我们修改机器人的状态，改变其静态特性，然后添加两个关节，使得机器人轮子能够转动。这两个关节沿着 y 轴转动，并且将轮子固定在底座上。在 model.sdf 文件的 </model> 代码前面添加如下代码。

```
    <joint type="revolute" name="left_wheel_hinge">
      <pose>0 0 -0.03 0 0 0</pose>
      <child>left_wheel</child>
      <parent>chassis</parent>
      <axis>
        <xyz>0 1 0</xyz>
      </axis>
    </joint>

    <joint type="revolute" name="right_wheel_hinge">
      <pose>0 0 0.03 0 0 0</pose>
      <child>right_wheel</child>
      <parent>chassis</parent>
      <axis>
        <xyz>0 1 0</xyz>
      </axis>
    </joint>
```

我们可以启动 Gazebo，在其左侧面板的插入选项卡找到 my_robot 机器人模型。将其选中并插入到中间场景中，调整机器人位姿，效果如图 3.43 所示。到这里，我们的移动机器人模型初具雏形。

3.4.2 添加 mesh 效果

1. 添加 mesh 效果

打开上一节我们创建的 model.sdf，找到 <visual name='visual'> 代码，将网格效果添加到 model.sdf。效果如图 3.44 所示。

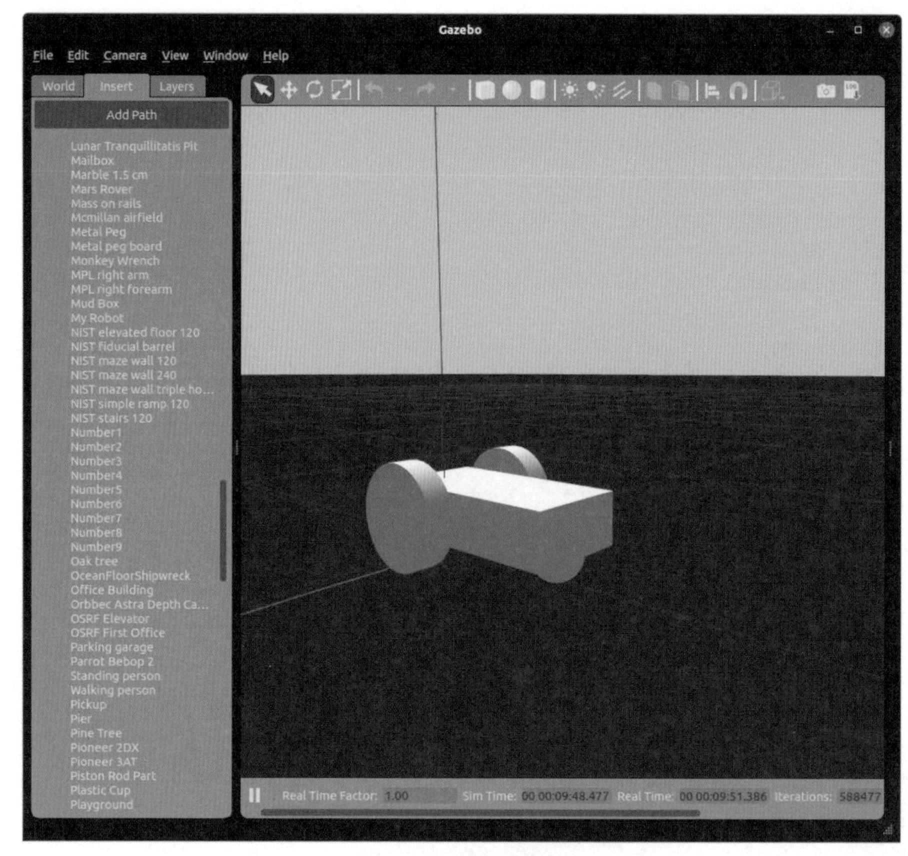

图 3.43 最终效果图

```
<visual name='visual'>
  <geometry>
    <mesh>
      <uri>model://pioneer2dx/meshes/chassis.dae</uri>
    </mesh>
  </geometry>
</visual>
```

2. 更改 scale 尺度

我们发现添加的效果有问题,尺寸不对。因此在 mesh 效果中添加一行 scale 代码 <scale> 0.9 0.5 0.5 </scale>，效果如图 3.45 所示。

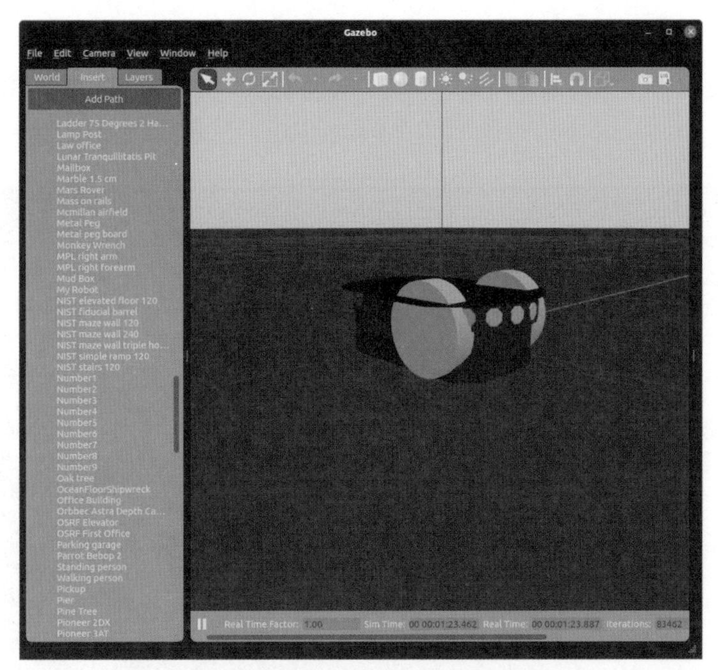

图 3.44 添加 mesh 效果

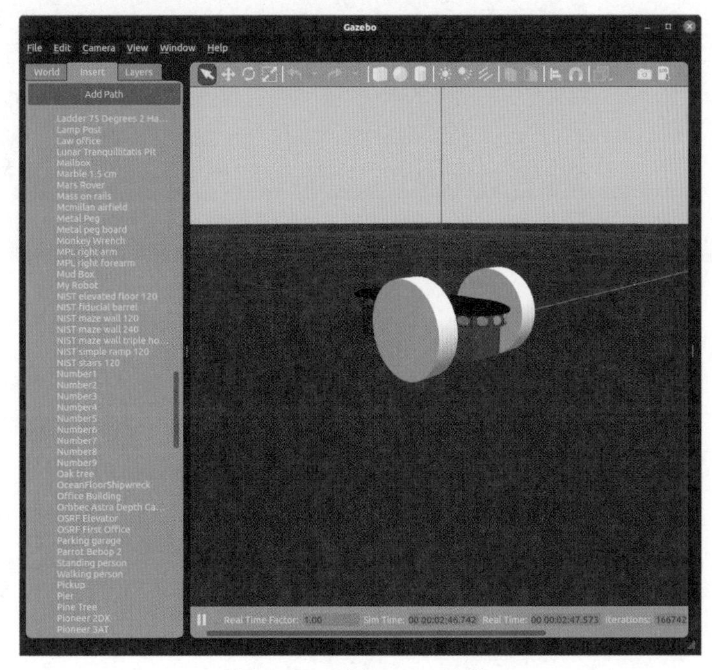

图 3.45 更改 scale 尺度

3. 调整 pose 位姿

我们发现添加的效果有问题，机器人位置低于地面。因此在 visual 效果中添加一行 pose 代码 <pose> 0 0 0.5 0 0 0</pose>，效果如图 3.46 所示。

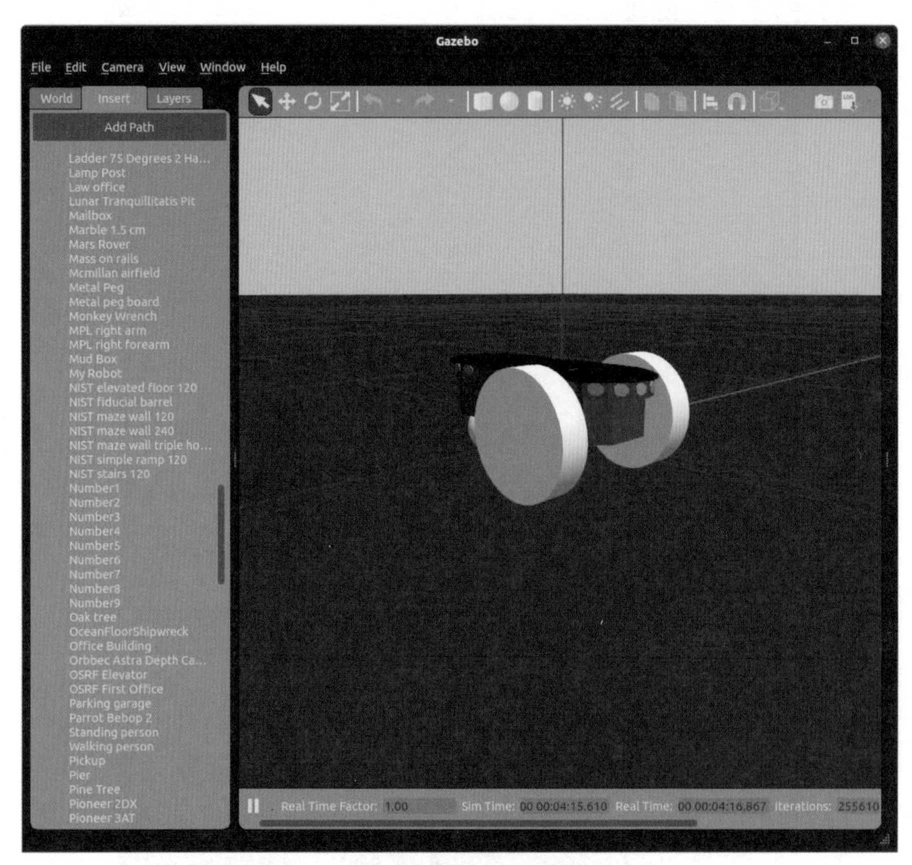

图 3.46 调整 pose 位姿

3.4.3 添加 sensor 传感器

本节，我们将一个 hokuyo 激光传感器添加到机器人上，使其能够工作。

在 model.sdf 文件的 </model> 代码前面添加如下代码。

```
<include>
  <uri>model://hokuyo</uri>
  <pose>0.2 0 0.2 0 0 0</pose>
</include>
<joint name="hokuyo_joint" type="fixed">
  <child>hokuyo::link</child>
```

```
    <parent>chassis</parent>
</joint>
```

随后，在 Gazebo 中启动机器人，效果如图 3.47 所示。

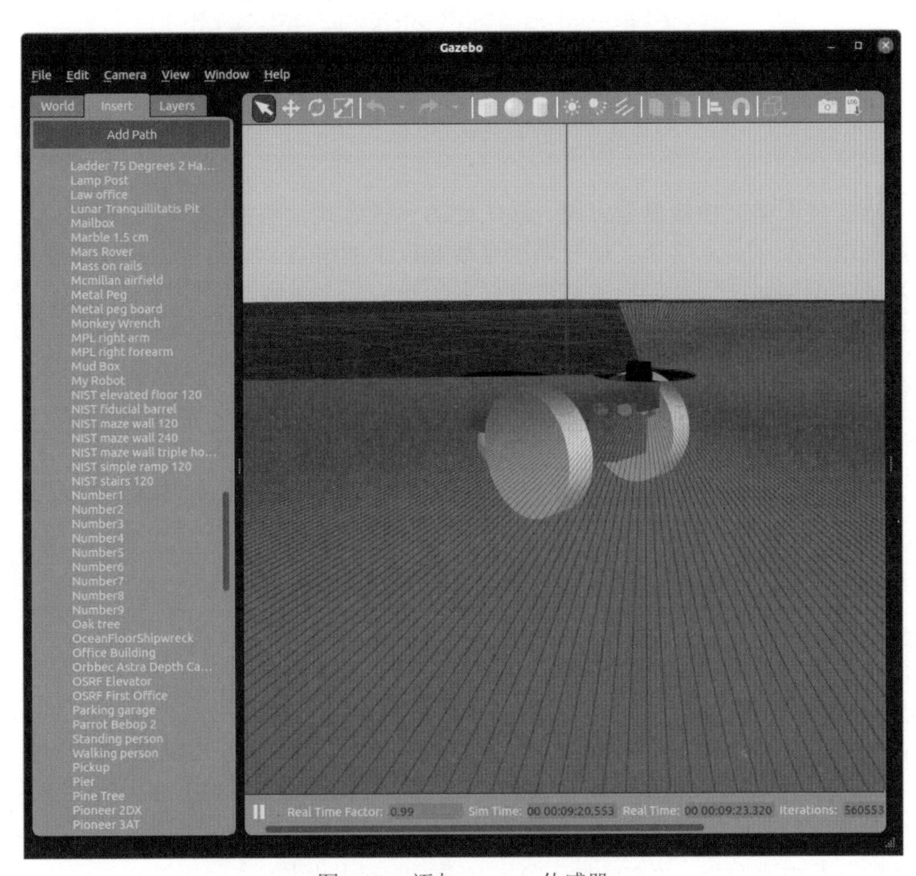

图 3.47　添加 sensor 传感器

第 4 章　语音识别及语音合成

4.1　语音识别原理简介

语言是人类交换信息最方便、最快捷的一种方式。与机器进行语音交流，让机器明白你说什么，这是人们长期以来梦寐以求的事情。而语音识别技术就是让机器通过识别和理解过程把语音信号转变为相应的文本或命令的技术。由于语音本身所固有的难度，让机器识别语音的困难在某种程度上就像一个外语不好的人听外国人讲话一样，它和不同的说话人、不同的说话速度、不同的说话内容及不同的环境条件有关。语音信号本身的特点造成了语音识别的困难，这些特点包括多变性、动态性、瞬时性和连续性等。

根据在不同限制条件下的研究任务，产生了不同的研究领域。这些领域包括：① 根据对说话人说话方式的要求，可以分为孤立字语音识别系统、连接字语音识别系统及连续语音识别系统；② 根据对说话人的依赖程度可以分为特定人和非特定人语音识别系统；③ 根据词汇量大小，可以分为小词汇量、中等词汇量、大词汇量及无限词汇量语音识别系统。

从 20 世纪 80 年代开始，识别算法从模式匹配技术转向基于统计模型的技术，更多地追求从整体统计的角度来建立最佳的语识别系统。隐马尔科夫模型 (Hidden Markov Model，HMM) 技术就是其中的一个典型技术。到目前为止，隐马尔科夫模型方法仍然是语音识别研究中的主流方法，并使得大词汇量连续语音识别系统的开发成为可能。在 20 世纪 80 年代末，美国卡内基•梅隆大学用 VQ/HMM 实现 997 个词的非特定人连续语音识别系统 SPHINX 成为世界上第一个高性能的非特定人、大词汇量、连续语音识别系统。这些研究开创了语音识别的新时代。

语音识别的流程如图 4.1 所示，典型的基于统计模式识别方法的语音识别系统由以下几个基本模块所构成：

(1) 信号处理及特征提取模块。该模块的主要任务是从输入信号中提取特征，供声学模型处理。同时，它一般也包括了一些信号处理技术，以尽可能降低环境噪声、信道、说话人等因素对特征造成的影响。

(2) 统计声学模型。典型系统多采用基于一阶隐马尔科夫模型进行建模。

(3) 发音词典。发音词典包含系统所能处理的词汇集及其发音。发音词典实际提供了声学模型建模单元与语言模型建模单元间的映射。

(4) 语言模型。语言模型对系统所针对的语言进行建模。理论上，包括正则语言，上下文无关文法在内的各种语言模型都可以作为语言模型，但目前各种系统普遍采用的还是基于统计的 N 元文法及其变体。

(5) 解码器。解码器是语音识别系统的核心之一，其任务是对输入的信号，根据声学、语言模型及词典，寻找能够以最大概率输出该信号的词串。

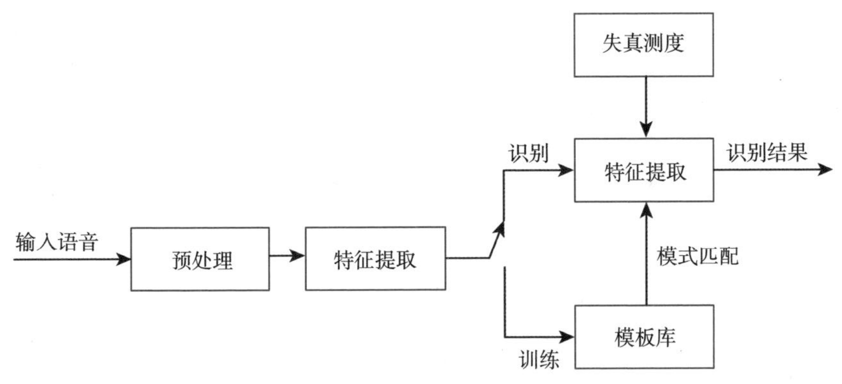

图 4.1 语音识别流程

4.2 语音合成原理简介

让机器像人类一样说话，可以仿照人的语言过程模型，设想在机器中首先形成一个要讲的内容，它一般以表示信息的字符代码形式存在。然后按照复杂的语言规则，将信息的字符代码的形式，转换成由基本发音单元组成的序列，同时检查内容的上下文，决定声调、重音、必要的停顿等韵律特性，以及陈述、命令、疑问等语气，并给出相应的符号代码表示。这样组成的代码序列相当于一种“言语码”。从“言语码”出发，按照发音规则生成一组随时间变化的序列，去控制语音合成器发出声音，犹如人脑中形成的神经命令，以脉冲形式向发音器官发出指令，使舌、唇、声带、肺等部分的肌肉协调动作发出声音一样，这样一个完整的过程正是语音合成的全部含义。

文语转换系统实际上可以看作是一个人工智能系统。为了合成出高质量的语言，除了依赖于各种规则，包括语义学规则、词汇规则、语音学规则外，还必须对文字的内容有很好的理解，这也涉及自然语言理解的问题。图 4.2 中显示了一个完整的文语转换系统示意图。文语转换过程是先将文字序列转换成音韵序列，再由系统根据音韵序列生成语音波形。其中第一步涉及语言学处理，例如分词、字音转换等，以及一整套有效的韵律控制规则；第二步需要先进的语音合成技术，能按要求实时合成出高质量的语音流。因此一般说来，文语转换系统都需要一套复杂的文字序列到音素序列的转换程序，也就是说，文语转换系统不仅要应用数字信号处理技术，而且必须有大量的语言学知识的支持。

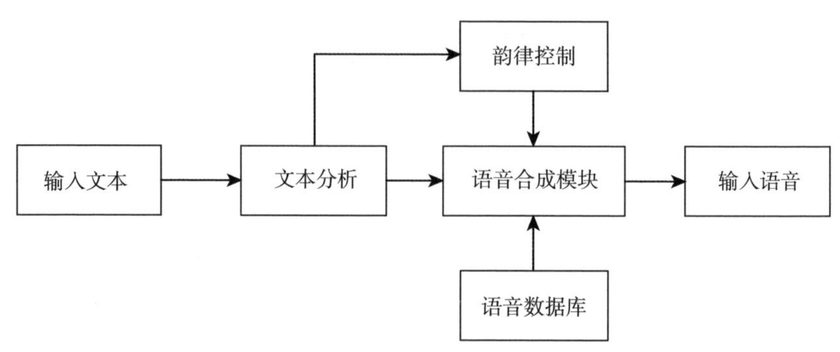

图 4.2　文语转换系统示意图

4.3　应 用 实 例

语音识别和 Linux 已经共同走过了很长的一段路，这主要归功于美国卡内基 • 梅隆大学的 Sphinx 和 Festival 项目。如今我们可以借助现有 ROS 功能包以及开源接口来实现语音识别和语音合成，在此基础上实现对机器人的语音控制和为机器人添加语音反馈，将是一件简单的事情。目前国内开放的语音识别接口主要有科大讯飞和百度语音，这两个语音识别引擎均提供在线和离线识别引擎，可以根据需求使用相应的语音识别引擎。ROS 中常用的语音识别功能包主要有 Pocketsphinx、Rospeex 和 HARK，但 Pocketsphibnx、Rospeex 对于语音识别的精度有限，HARK 主要使用多个麦克风实现对声源的定位。

本节将演示如何实现中英文语音识别和语音合成以及实现对机器人的语音控制。英文语音识别基于现有 ROS 功能包 (pocketsphinx 语音识别包)，英文语音合成则是基于 ROS 中的 sound_play 功能包。中文语音识别和合成则是使用家度机器人 (JD-Robot) 进行实验演示。

4.3.1　CMU Sphinx 英文语音识别

1. 安装 CMU sphinx

按照以下安装命令，安装 pocketsphinx 语音识别包：

```
$ sudo apt-get install gstreamer0.10-pocketsphinx
$ sudo apt-get install ros-noetic-pocketsphinx
$ sudo apt-get install ros-noetic-audio-common
```

```
$ sudo apt-get install libasound2
```

Pocketsphinx 语音识别包中包含节点 recognizer.py，这个脚本连接计算机的音频输入流，将语音命令和词汇表中的短语或单词进行匹配。当语音识别节点匹配出一个单词或者词组，这个单词或词组将会发布到/recognizer/output 话题上。其他节点可以通过订阅这个话题，实现对机器人的控制。

2. 测试 Pocketsphinx

想要获得最佳的语音识别结果，可以使用有线式或者蓝牙无线式麦克风。将麦克风连接至计算机后，需要在系统设置中的声音设置项将外接麦克风作为音频输入源。我们使用 RoboCup@Home 比赛的词汇表作为测试词汇集。

```
$ roslaunch pocketsphinx robocup.launch
```

运行以上命令，将会得到一系列 INFO 消息，这些消息表示语音识别模型已经被正确加载。最后的一部分消息如下所示：

```
INFO: ngram_search_fwdtree.c(186): Creating search tree
INFO: ngram_search_fwdtree.c(191): before: 0 root, 0 non-root
      channels, 12 single-phone words
INFO: ngram_search_fwdtree.c(326): after: max nonroot chan
      increased to 328
INFO: ngram_search_fwdtree.c(338): after: 77 root, 200 non-root
      channels, 11 single-phone words
```

现在可以使用 RoboCup 比赛中的测试短语，比如 “bring me the glass”，“go to the kitchen”, 或者 “come with me”。语音识别的结果可以通过终端打印话题消息 /recognizer/output：

```
$ rostopic echo /recognizer/output
```

输出结果如下所示：

```
data: bring me the glass
---
data: go to the kitchen
---
data: come with me
---
```

3. 创建词汇表

要创建一个新词汇库或语料库并不是件难事，首先，创建一个简单的文档，将文字或词组按照每行一个的格式输入到文档中，这将成为驱动机器人的语音指令语料库。我们把这个文档命名为 “nav_commands.txt”，它放在 rbx1_speech 功能包 (package) 的子目录 config 下。要查看其中的内容，运行以下命令：

```
$ roscd rbx1_speech/config
$ more nav_commands.txt
```

在终端中应该可以看到表 4.1 中所列的短语 (在电脑终端上将会显示在同一列上)。

表 4.1　词汇库

pause speech	come forward	abort
continue speech	come forward	kill
move forward	come backward	panic
move backward	come left	help
move back	come right	help me
move left	turn left	freeze
move right	turn right	Stop
go forward	rotate left	Stop now
go backward	rotate right	Halt
go back	faster	turn off
go left	speed up	shut down
go right	slower	cancel
go straight	slow down	
	quarter speed	
	half speed	
	full speed	

用户还可以根据自己常用的文档编辑器来打开这个文件并对其内容进行增添和删改。在编辑文档的时候，需要注意不要混写大小写字母，也不要使用标点符号。例如，如果用户想要添加一个数字 54，那么应该填写的是 “fifty four”。我们必须对语料库执行编译操作，将其转化成特殊的字典和发音文件，才能够在 PocketSphinx 中使用它。用户可以使用在线语音模型 CMU 工具来编译。

按照下列步骤来上传你的 nav_commands.txt 文件，点击 Compile Knowledge Base 按钮，然后下载名为 COMPRESSED TARBALL 的文件，其中包含所有语言模型文件。将这些文件解压到 rbx1_speech 功能所包的子目录 config 中。

这些文件将会以同样的数字串开头，比如 30266.dic 和 3026.lm。这些文件建立了语料库的语言模型，PocketSphinx 利用这个语言模型对用户的语音指令进行识别。这些文件可以被重命名为其他更利于记忆的名字。可以使用以下命令 (在实际情况下命令中的 4 位数可能不同)：

```
$ roscd rbx1_speech/config
$ rename -f 's/3026/nav_commands/' *
```

接下来，查看一下位于 rbx1_speech 文件夹下的 voice_nav_commands.launch。其中内容如下所示：

```
<launch>
  <node name="recognizer" pkg="pocketsphinx" type="recognizer.py"
  output="screen">
  <param name="lm" value="$(find rbx1_speech)/config/nav_commands.lm"/>
  b<param name="dict" value="$(find rbx1_speech)/config/nav_commands.dic"/>
  </node>
</launch>
```

上述启动文件的配置如下，首先从 PocketSphinx 功能包 (package) 中运行 recognizer.py 节点 (node)，然后我们对上一步创建的文件 “nav_commands.lm” 和 “nav_commands.dic” 分别设置了变量 “lm” 和 “dict”。注意到变量的 ouput= “screen” 允许我们是否能够在运行窗口中实时地看到识别结果。运行这个文件并通过观测/recognizer/ouput 话题来测试语音识别。首先如果之前启动的 RoboCup demo 程序还在运行的话，则按下 “Ctrl+C” 终止运行，然后运行以下命令：

```
roslaunch rbx1_speech voice_nav_commands.launch
```

然后打开一个终端：

```
rostopic echo /recognizer/output
```

尝试说出导航语句如 “move forward” (前进)、“slow down” (后退) 和 “stop” (停止)。用户应该能够在/recognizer/ouput 话题中看到所说的语音命令。

4. 语音控制导航脚本

PocketSphinx 功能包下的 recognizer.py 节点将识别后的语音指令发布到/recognizer/ouput 话题。为了将这些指令和机器人的动作一一对应，我们需要再添加一个节点来订阅这个话题，将语音指令和机器人动作指令进行匹配，这时机器人就可以根据不同的语音指令执行不同的动作了。为了方便我们使用，Michael Ferguson 在 PocketSphinx 功能包中编写了一个文件名为 voice_cmd_vel.py 的 Python

脚本，它将语音指令对应转化成能够控制机器人移动的 Twist 消息。这里我们将使用一个由上述 voice_cmd_vel.py 脚本稍作修改而来的脚本 voice_nav.py。该脚本被放在 rbx1_speech/nodes 子目录中，具体内容如下。

```
1 #!/usr/bin/env python
2   """
3   voice_nav.py - Version 1.1 2013-12-20
4 
5   Allows controlling a mobile base using simple speech commands.
6 
7   Based on the voice_cmd_vel.py script by Michael Ferguson in
8   the pocketsphinx ROS package.
9 
10  See http://www.ros.org/wiki/pocketsphinx
11 """
12 
13 import rospy
14 from geometry_msgs.msg import Twist
15 from std_msgs.msg import String
16 from math import copysign
17 
18 class VoiceNav:
19     def __init__(self):
20         rospy.init_node('voice_nav')
21 
22         rospy.on_shutdown(self.cleanup)
23 
24         # Set a number of parameters affecting the robot's speed
25         self.max_speed = rospy.get_param("~max_speed", 0.4)
26         self.max_angular_speed = rospy.get_param("~max_angular_speed", 1.5)
27         self.speed = rospy.get_param("~start_speed", 0.1)
28         self.angular_speed = rospy.get_param("~start_angular_speed", 0.5)
29         self.linear_increment = rospy.get_param("~linear_increment", 0.05)
30         self.angular_increment = rospy.get_param("~angular_increment", 0.4)
31 
32         # We don't have to run the script very fast
33         self.rate = rospy.get_param("~rate", 5)
34         r = rospy.Rate(self.rate)
35 
36         # A flag to determine whether or not voice control is paused
37         self.paused = False
38 
39         # Initialize the Twist message we will publish.
40         self.cmd_vel = Twist()
41 
42         # Publish the Twist message to the cmd_vel topic
43         self.cmd_vel_pub = rospy.Publisher('cmd_vel', Twist, queue_size=5)
44 
```

```
45        # Subscribe to the /recognizer/output topic to receive voice
                                                            commands.
46        rospy.Subscriber('/recognizer/output', String, self.speech_callback)
47
48        # A mapping from keywords or phrases to commands
49        self.keywords_to_command = {
50        'stop': ['stop', 'halt', 'abort', 'kill', 'panic', 'off',
51        'freeze', 'shut down', 'turn off', 'help', 'help me'],
52        'slower': ['slow down', 'slower'],
53        'faster': ['speed up', 'faster'],
54        'forward': ['forward', 'ahead', 'straight'],
55        'backward': ['back', 'backward', 'back up'],
56        'rotate left': ['rotate left'],
57        'rotate right': ['rotate right'],
58        'turn left': ['turn left'],
59        'turn right': ['turn right'],
60        'quarter': ['quarter speed'],
61        'half': ['half speed'],
62        'full': ['full speed'],
63        'pause': ['pause speech'],
64        'continue': ['continue speech']}
65
66        rospy.loginfo("Ready to receive voice commands")
67
68        # We have to keep publishing the cmd_vel message if we want the
                                                            robot to keep moving.
69        while not rospy.is_shutdown():
70            self.cmd_vel_pub.publish(self.cmd_vel)
71            r.sleep()
72
73    def get_command(self, data):
74        # Attempt to match the recognized word or phrase to the
75        # keywords_to_command dictionary and return the appropriate
76        # command
77        for (command, keywords) in self.keywords_to_command.iteritems():
78            for word in keywords:
79                if data.find(word) > -1:
80                    return command
81
82    def speech_callback(self, msg):
83        # Get the motion command from the recognized phrase
84        command = self.get_command(msg.data)
85
86        # Log the command to the screen
87        rospy.loginfo("Command: " + str(command))
88
89        # If the user has asked to pause/continue voice control,
90        # set the flag accordingly
```

```
91          if command == 'pause':
92              self.paused = True
93          elif command == 'continue':
94              self.paused = False
95
96          # If voice control is paused, simply return without
97          # performing any action
98          if self.paused:
99              return
100
101         # The list of if-then statements should be fairly
102         # self-explanatory
103         if command == 'forward':
104             self.cmd_vel.linear.x = self.speed
105             self.cmd_vel.angular.z = 0
106
107         elif command == 'rotate left':
108             self.cmd_vel.linear.x = 0
109             self.cmd_vel.angular.z = self.angular_speed
110
111         elif command == 'rotate right':
112             self.cmd_vel.linear.x = 0
113             self.cmd_vel.angular.z = -self.angular_speed
114
115         elif command == 'turn left':
116             if self.cmd_vel.linear.x != 0:
117                 self.cmd_vel.angular.z += self.angular_increment
118             else:
119                 self.cmd_vel.angular.z = self.angular_speed
120
121         elif command == 'turn right':
122             if self.cmd_vel.linear.x != 0:
123                 self.cmd_vel.angular.z -= self.angular_increment
124             else:
125                 self.cmd_vel.angular.z = -self.angular_speed
126
127         elif command == 'backward':
128             self.cmd_vel.linear.x = -self.speed
129             self.cmd_vel.angular.z = 0
130
131         elif command == 'stop':
132             # Stop the robot!  Publish a Twist message consisting of all
                                                                 zeros.
133             self.cmd_vel = Twist()
134
135         elif command == 'faster':
136             self.speed += self.linear_increment
137             self.angular_speed += self.angular_increment
```

```
138             if self.cmd_vel.linear.x != 0:
139                 self.cmd_vel.linear.x += copysign(self.linear_increment,
                                                      self.cmd_vel.linear
                                                      .x)
140             if self.cmd_vel.angular.z != 0:
141                 self.cmd_vel.angular.z += copysign(self.angular_increment,
                                                      self.cmd_vel.
                                                      angular.z)
142
143         elif command == 'slower':
144             self.speed -= self.linear_increment
145             self.angular_speed -= self.angular_increment
146             if self.cmd_vel.linear.x != 0:
147                 self.cmd_vel.linear.x -= copysign(self.linear_increment,
                                                      self.cmd_vel.linear
                                                      .x)
148             if self.cmd_vel.angular.z != 0:
149                 self.cmd_vel.angular.z -= copysign(self.angular_increment,
                                                      self.cmd_vel.
                                                      angular.z)
150
151         elif command in ['quarter', 'half', 'full']:
152             if command == 'quarter':
153                 self.speed = copysign(self.max_speed / 4, self.speed)
154
155             elif command == 'half':
156                 self.speed = copysign(self.max_speed / 2, self.speed)
157
158             elif command == 'full':
159                 self.speed = copysign(self.max_speed, self.speed)
160
161             if self.cmd_vel.linear.x != 0:
162                 self.cmd_vel.linear.x = copysign(self.speed, self.cmd_vel.
                                                      linear.x)
163
164             if self.cmd_vel.angular.z != 0:
165                 self.cmd_vel.angular.z = copysign(self.angular_speed, self.
                                                      cmd_vel.angular.z)
166
167         else:
168             return
169
170         self.cmd_vel.linear.x = min(self.max_speed, max(-self.max_speed,
                                              self.cmd_vel.linear.x))
171         self.cmd_vel.angular.z = min(self.max_angular_speed, max(-self.
                                              max_angular_speed, self.
                                              cmd_vel.angular.z))
172
```

```
173     def cleanup(self):
174         # When shutting down be sure to stop the robot!
175         twist = Twist()
176         self.cmd_vel_pub.publish(twist)
177         rospy.sleep(1)
178
179 if __name__=="__main__":
180     try:
181         VoiceNav()
182         rospy.spin()
183     except rospy.ROSInterruptException:
184         rospy.loginfo("Voice navigation terminated.")
```

这份代码写得比较直观，而且有很多注释信息，方便读者理解，所以我们将只对重要的部分进行描述。

```
1 # A mapping from keywords or phrases to commands
2 self.keywords_to_command = {
3 'stop': ['stop', 'halt', 'abort', 'kill', 'panic', 'off',
4 'freeze', 'shut down', 'turn off', 'help', 'help me'],
5 'slower': ['slow down', 'slower'],
6 'faster': ['speed up', 'faster'],
7 'forward': ['forward', 'ahead', 'straight'],
8 'backward': ['back', 'backward', 'back up'],
9 'rotate left': ['rotate left'],
10 'rotate right': ['rotate right'],
11 'turn left': ['turn left'],
12 'turn right': ['turn right'],
13 'quarter': ['quarter speed'],
14 'half': ['half speed'],
15 'full': ['full speed'],
16 'pause': ['pause speech'],
17 'continue': ['continue speech']}
```

keywords_to_command 是一个 Python 字典，它可以将同一意思但口头表达不同的词语或者词组转化成为相同的动作指令。例如，让机器人在运动的过程中停止下来十分重要的，但事实上，单词 “stop” 并不总能够被 PocketSphinx 识别引擎所识别。所以我们使用了很多其他替代词语来让机器人停下来，比如 “halt”(停止)、“abort”(中止)、“help”(求助) 等，但之前所提到的 PocketSphinx 词汇库必须包含这些候选词语。

voice_nav.py 节点订阅到/recognizer/ouput 话题，并且在 nav_commands.txt 语料库中查找语音识别引擎识别出的关键字。如果找到了匹配，keywords_to_commands 字典将会把匹配的短语映射到合适的动作命令字。然后回调函数将会把动作命令字转化为机器人相应动作的 Twist 消息。

voice_nav.py 还有一个特性，那就是它会对两个特殊定义的命令做出反应，这两个定义是 “pause speech” (暂停语音识别) 和 “continue speech” (继续语音识别)。如果你正在使用语音控制机器人，但同时你又需要说话，比如要和某人对话而又不想你的声音被机器人错误地识别为控制命令，那么此时你可以说 “pause speech” (暂停语音识别)，当你想要回来继续控制机器人的时候，则说 “continue speech” (继续语音识别)。

5. 在虚拟器 ArbotiX 上测试语音控制

在真实机器人上使用语音控制之前，我们可以使用虚拟器 ArbotiX 进行测试。首先启动虚拟的 TurtleBot：

```
roslaunch rbx1_bringup fake_turtlebot.launch
```

接下来，打开 RViz，同时加载虚拟器配置文件：

```
rosrun rviz rviz -d `rospack find rbx1_nav`/sim.rviz
```

使用 rqt_console 能够更容易地观察语音识别脚本的输出。更重要的是，这能使我们看到脚本所识别的命令：

```
rqt_console &
```

在运行语音识别脚本之前，用户需要检查声音设置 SoundSettings 是否符合之前所说的那样麦克风被设定为输入设备。现在运行 “voice_nav_commands.launch”，这将启动 PocketSphinx 语音识别引擎，并加载导航词汇库。

```
roslaunch rbx1_speech voice_nav_commands.launch
```

最后使用 “turtlebot_voice_nav.launch” 来启动 voice_nav.py 节点，在另一个终端中运行：

```
roslaunch rbx1_speech turtlebot_voice_nav.launch
```

现在你应该可以使用语音命令在 RViz 中移动你的 TurtleBot 了。比如，尝试命令 “rotate left” (左转)、“full speed” (全速)、“halt” (站住)。表 4.2 列出相关语音命令，供读者参考。你同样也可以尝试两个特殊的语音命令，即 “pause speech” (暂停语音识别) 和 “continue speech” (继续语音识别) 来测试是否能够关闭和打开语音控制。

表 4.2　相关语音命令

pause speech	come forward	stop
continue speech	come backward	stop now
move forward	come left	halt
move backward	come right	abort
move back	turn left	kill
move left	turn right	panic
move right	rotate left	help
go forward	rotate right	help me
go backward	faster	freeze
go back	speed up	turn off
go left	slower	shut down
go right	slow down	cancel
go straight	quarter speed	
	half speed	
	full speed	

4.3.2 CMU Festival 英文语音合成

到目前为止，现在我们能够对机器人说话了，下一步我们将实现机器人对用户说话。CMU Festival 系统与 ROS sound_play 功能包配合使用能够完成文字转语音 (Text-to-speech，TTS)。首先需要运行以下安装命令：

```
sudo apt-get install ros-noetic-audio-common
sudo apt-get install libasound2
```

Sound_play 功能包 (package) 使用 CMU Festival TTS library 生成的混合语音。让我们来测试一下默认的语音，首先启动基本的 sound_play 节点：

```
rosrun sound_play soundplay_node.py
```

在另外一个终端里输入一些想要转化成语音的文字：

```
rosrun sound_play say.py "Greetings Humans. Take me to your leader."
```

默认的声音样式称为 kal_diphone。下面命令可以查看所有系统已安装的英语语音样式：

```
ls /usr/share/festival/voices/english
```

运行下面的命令，可以要查看所有基本的可用 Festival voice：

```
sudo apt-cache search --names-only festvox-*
```

安装 festvox-don 声音样式，运行：

```
sudo apt-get install festvox-don
```

若需要测试新的声音样式，可以在命令末尾添加：

```
rosrun sound_play say.py "Welcome to the future" voice_don_diphone
```

这里提供一小部分额外的声音供你选择安装。下面给出使用这些声音样式的步骤 (一个男声和一个女声)：

```
sudo apt-get install festlex-cmu
cd /usr/share/festival/voices/english/
sudo wget -c \http://www.speech.cs.cmu.edu/cmu_arctic/packed/cmu_us_clb_
    arctic\-0.95-release.tar.bz2
sudo wget -c \http://www.speech.cs.cmu.edu/cmu_arctic/packed/cmu_us_bdl_
    arctic\-0.95-release.tar.bz2
sudo tar jxfv cmu_us_clb_arctic-0.95-release.tar.bz2
sudo tar jxfv cmu_us_bdl_arctic-0.95-release.tar.bz2
sudo rm cmu_us_clb_arctic-0.95-release.tar.bz2
sudo rm cmu_us_bdl_arctic-0.95-release.tar.bz2
sudo ln -s cmu_us_clb_arctic cmu_us_clb_arctic_clunits
sudo ln -s cmu_us_bdl_arctic cmu_us_bdl_arctic_clunits
```

用户可以运行如下命令测试这两个声音：

```
rosrun sound_play say.py "I am speaking with a female C M U voice"  \voice_
    cmu_us_clb_arctic_clunits
rosrun sound_play say.py "I am speaking with a male C M U voice"  \voice_
    cmu_us_bdl_arctic_clunits
```

需要注意的是，若在第一次运行时并没有听到想要的词语，可以尝试重新运行上述指令。另外，要保持 sound_play 节点在另一个终端中处于运行状态。

你也可以使用 sound_play 来播放波形文件或几个自带的声音。以下命令播放位于 rbx1_speech/sounds 的波形文件 R2D2。

```
rosrun sound_play play.py `rospack find rbx1_speech`/sounds/R2D2a.wav
```

由于 play.py 脚本需要指定波形文件的绝对路径，所以我们使用了 rospack find 命令，用户也可以直接输入绝对路径。在更早版本的 ROS 中，playbuiltin.py 脚本能够播放若干个音频。但是这个脚本在本书所采用的 ROS 版本 Indigo 上并不能使用。

1. 在 ROS 节点中使用文字转语音系统

上面一节中，我们只在命令行中使用了 Festival 语音合成系统。本节中，让我们通过 rbx1_speech/nodes 目录下的 talkback.py 脚本学习如何在一个 ROS 节点中使用语音合成系统。

```
1 #!/usr/bin/env python
2 import rospy
3 from std_msgs.msg import String
4 from sound_play.libsoundplay import SoundClient
5 import sys
6 class TalkBack:
7     def __init__(self, script_path):
8         rospy.init_node('talkback')
9         rospy.on_shutdown(self.cleanup)
10        # Set the default TTS voice to use
11        self.voice = rospy.get_param("~voice", "voice_don_diphone")
12        # Set the wave file path if used
13        self.wavepath = rospy.get_param("~wavepath", script_path + "/../
                                         sounds")
14        # Create the sound client object
15        self.soundhandle = SoundClient()
16        # Wait a moment to let the client connect to the
17        # sound_play server
18        rospy.sleep(1)
19        # Make sure any lingering sound_play processes are stopped.
20        self.soundhandle.stopAll()
21        # Announce that we are ready for input
22        self.soundhandle.playWave(self.wavepath + "/R2D2a.wav")
23        rospy.sleep(1)
24        self.soundhandle.say("Ready", self.voice)
25        rospy.loginfo("Say one of the navigation commands...")
26        # Subscribe to the recognizer output and set the callback function
27        rospy.Subscriber('/recognizer/output', String, self.talkback)
28    def talkback(self, msg):
29        # Print the recognized words on the screen
30        rospy.loginfo(msg.data)
31
32        # Speak the recognized words in the selected voice
33        self.soundhandle.say(msg.data, self.voice)
34
35        # Uncomment to play one of the built-in sounds
```

```
36          #rospy.sleep(2)
37          #self.soundhandle.play(5)
38
39          # Uncomment to play a wave file
40          #rospy.sleep(2)
41          #self.soundhandle.playWave(self.wavepath + "/R2D2a.wav")
42
43      def cleanup(self):
44          self.soundhandle.stopAllBQ()
45          rospy.loginfo("Shutting down talkback node...")
46
47 if __name__=="__main__":
48      try:
49          TalkBack(sys.path[0])
50          rospy.spin()
51      except rospy.ROSInterruptException:
52          rospy.loginfo("Talkback node terminated.")
```

接下来看看其中的关键代码：

```
1   from sound_play.libsoundplay import SoundClient
```

这个脚本使用 SoundClient 类 (从 sound_play 库中导入) 与 sound_play 服务器进行通信。

```
1   self.voice = rospy.get_param("~voice", "voice_don_diphone")
```

为语音合成系统设置 Festival 声音样式，也可以在启动文件中重写。

```
1   self.wavepath = rospy.get_param("~wavepath", script_path + "/../sounds")
```

设置读取波形文件的路径，sound_play 的服务端和客户端需要波形文件的绝对路径，所以从环境变量 sys.path[0] 中读取 script_path (细节请查看位于脚本末尾的 “__main__” 部分)。

```
1   self.soundhandle = SoundClient()
```

为 SoundClient() 创建一个 handle 对象。

```
1       self.soundhandle.playWave(self.wavepath + "/R2D2a.wav")
2       rospy.sleep(1)
3       self.soundhandle.say("Ready", self.voice)
```

使用 self.soundhandle 对象来播放一小段波形文件 (R2D2 声音)，然后用默认声音样式说 ‘Ready” (准备好了)。

```
1       def talkback(self, msg):
2       rospy.loginfo(msg.data)
```

```
3
4        self.soundhandle.say(msg.data, self.voice)
```

这是订阅/recognizer/ouput 话题时的回调函数。变量 msg 保存了 PocketSphinx 识别出的文字。这段代码只是在终端中显示语音识别的结果，并用默认声音样式将文字转换为语音。

2. 测试 talkback.py 脚本

我们可以通过 talkback.launch 启动文件测试 talkback.py 脚本。启动文件首先运行 PocketSphinx 识别器 (recognizer) 节点并载入导航词汇库。然后运行 sound_play 节点，最后运行 talkback.py 脚本。所以首先要终止任何正在运行的 sound_play 进程，然后执行以下命令：

```
roslaunch rbx1_speech talkback.launch
```

启动 talkback.launch 后，尝试说一个语音导航命令，比如我们之前用到的 “move_right” (向右移动)。这时将会听到 TTS 声音 (文字转语音) 输出你所说的语音命令。

4.3.3 家度机器人中文语音交互

家度机器人 (如图 4.3 所示) 是一款家庭陪护型机器人，机器人主要以陪伴 3~6 岁的孩子为主，同时解决双职工父母对孩子的自身安全、身体健康、习惯培养和知识学习等各方面问题。家度机器人将自然语言交互、视觉交互、自主行走和智能数据采集功能进行完美结合，开启智能机器人为家庭服务的良好开端。本小节将使用家度机器人进行语音识别及语音合成实验。

图 4.3　家度机器人

1. 语音识别

为了能够远程控制家庭机器人，我们通过网络配置使机器人能够与桌面计算机进行通信。在 ROS 网络中，由于很多消息类型都被标上了时间戳，机器之间的时间同步往往很关键，使计算机保持同步状态的简单方法是在机器人和桌面计算机上都安装 Ubuntu chrony 数据包，使用以下命令进行安装：

```
sudo apt-get install chrony
```

安装以上数据包后，将机器人和桌面计算机连接到同一网络中，修改/etc 文件夹下的 hosts 文件，将桌面计算机和机器人的 IP 和主机名绑定：

```
sudo gedit /etc/hosts
```

打开 hosts 文件后，开头已经有了两行，我们从第三行开始插入桌面计算机和机器人的 IP 地址和主机名 hostname，IP 和 hostname 中间以 Tab 键间隔开，形式如下：

```
IP  hostname
```

家庭机器人的 hostname 为 robot，IP 地址可以通过语音询问“IP 地址”来获得，桌面计算机的 hostname 和 IP 地址，可以通过以下命令进行查询：

```
hostname
ifconfig
```

接下来修改桌面计算机的 ~/.bashrc 文件，增加环境变量：

```
gedit ~/.bashrc
```

在文件的最后添加以下命令，DesktopIP 代表桌面的 IP 地址，RobotIp 代表机器人的 IP 地址，设置 ROS_MASTER_URI 指向机器人，机器人作为 ROS 主机。

```
export ROS_HOSTNAME=DesktopIP
export ROS_MASTER_URI=http://RobotIp:11311
```

接下来我们创建 ROS 工作空间，并创建 jd_robot 和 beginner_tutorials 功能包。

```
mkdir -p ~/catkin_ws/src
cd ~/catkin_ws/src
catkin_init_workspace
catkin_create_pkg jd_robot geometry_msgs message_generation
catkin_create_pkg beginner_tutorials std_msgs roscpp
cd ..
catkin_make
```

家度机器人能够将用户的语音进行识别转换，语音识别为本地语法识别，即机器人收到语音后匹配本地语法，最后得出本地语法中的词汇。单词列表所在位置为 ~/OpenQbo-master/jd_robot/dict/table.xml，列表内的词为可识别的词语，用户可在列表中自定义识别词语，列表最大值为 255 B。

示例代码：beginner_tutorials/src/asr.cpp 如下。

```
1 #include "ros/ros.h"
2 #include "jd_robot/speech2text.h"
3 #include <string.h>
4 #include <stdio.h>
5 void asrCallback(const jd_robot::speech2text::ConstPtr &msg)
6 {
7     if (msg->rec_type == 2)
8     {
9         printf("%s\n", msg->rst.c_str());
10    }
11 }
12 int main(int argc, char *argv[])
13 {
14    ros::init(argc, argv, "listen_asr");
15    ros::NodeHandle n;
16    ros::Subscriber sub = n.subscribe("send_command", 1000,
          asrCallback);
17    ros::spin();
18    return 0;
19 }
```

以上示例代码为话题/send_command 的订阅者节点。

为引用家度机器人语音识别消息，需要在 jd_robot 功能包下创建 msg 文件夹，然后在 msg 文件夹下添加 speech2text.msg 文件，其内容如下所示：

```
Header header
uint32 status
int32 rec_type
int32 code
string rst
```

接下来修改 jd_robot 功能包的 CMakeLists.txt 文件，去除其中关于 add_message_files 和 generate_message 的注释，修改后如下所示：

```
add_message_files(
   FILES
   speech2text.msg
 )
generate_message(
    DEPENDENCIES
    geometry_msgs
 )
```

创建以上消息文件后，便可以订阅家度机器人语音识别话题，引用方法为在 asr 程序中添加以下头文件：

```
1 #include "jd_robot/speech2text.h"
```

上述订阅者节点中,在主函数中创建了一个节点句柄,并订阅话题/send_ command，回调函数传入的是 jd_robot/speech2text 的数据类型，当 rec_type 的值为 2 时，rst 即为识别的文字。

```
1 void asrCallback(const jd_robot::speech2text::ConstPtr &msg)
2 {if (msg->rec_type == 2)
3 {printf("%s\n", msg->rst.c_str());}
4 }
```

编写完上述示例代码后，在 beginner_tutorials 包的 CMakelists.txt 中添加：

```
add_executable(asr src/asr.cpp)
add_dependencies(asr ${${PROJECT_NAME}_EXPORTED_TARGETS}
                 ${catkin_EXPORTED_TARGETS})
target_link_libraries(asr ${catkin_LIBRARIES})
```

在使用语音识别接口时，我们使用了 jd_robot 中 speech2text.msg 消息类型，需要在 beginner_tutorials 中的 package.xml 中添加功能包依赖项：

```
<buildtool_depend>jd_robot</buildtool_depend>
<run_depend>jd_robot</run_depend>
```

修改好 CMakelists.txt 和 package.xml 后，便可以进行编译和运行：

```
catkin_make
source devel/setup.bash
rosrun beginner_tutorials asr
```

2. 语音控制机器人运动

控制机器人运动指的是控制机器人身体进行前进、后退、转身等动作，下面的例子将使用语音指令控制机器人运动。

示例代码：beginner_tutorials/src/ctrl_speed.cpp 如下。

```
1 #include "ros/ros.h"q
2 #include "jd_robot/ctrl_speed_sub.h"
3 #include "jd_robot/speech2text.h"
4 
5 ros::Publisher ctrl_speed;
6 jd_robot::ctrl_speed_sub speed_msg;
7 double distance;
8 double theta;
9 
10 void asrCallback(const jd_robot::speech2text::ConstPtr &msg)
11 {
12     if (msg->rec_type == 2)
13     {
14         printf("%s\n", msg->rst.c_str());
15         std::string forward[]={"前进","前行","向前","继续走","继
               续向前","继续前进","继续前行",};
16         std::string backward[]={"后退","向后","朝右看","看右侧",
               "看右边"};
17         std::string left[]={"往左转","向左转","朝左转","左转"};
18         std::string right[]={"往右转","向右转","朝右转","右转"};
19         for(int i = 0; i<sizeof(left)/sizeof(std::string);i++)
20         {
21             if (left[i]==msg->rst.c_str())
22             {
23             std::cout<<"左转"<<std::endl;
24             theta=1.57;//控制机器人旋转的角度
```

```
25          speed_msg.speed.angular.x = 0.0;
26          speed_msg.speed.angular.y = 0.0;
27          speed_msg.speed.angular.z = theta;
28          speed_msg.speed.linear.x = 0.0;
29          speed_msg.speed.linear.y = 0.0;
30          speed_msg.speed.linear.z = 0.0;
31          ctrl_speed.publish(speed_msg);
32           }
33        }
34      for(int i = 0; i<sizeof(right)/sizeof(std::string);i++)
35      {
36          if (right[i]==msg->rst.c_str())
37          {
38          std::cout<<"右转"<<std::endl;
39          theta=-1.57;//控制机器人旋转的角度
40          speed_msg.speed.angular.x = 0.0;
41          speed_msg.speed.angular.y = 0.0;
42          speed_msg.speed.angular.z = theta;
43          speed_msg.speed.linear.x = 0.0;
44          speed_msg.speed.linear.y = 0.0;
45          speed_msg.speed.linear.z = 0.0;
46          ctrl_speed.publish(speed_msg);
47           }
48        }
49      for(int i = 0; i<sizeof(forward)/sizeof(std::string);i
          ++)
50      {
51          if (forward[i]==msg->rst.c_str())
52          {
53          std::cout<<"前进"<<std::endl;
54          distance=0.2;//控制机器人移动的距离
55          speed_msg.speed.angular.x = 0.0;
56          speed_msg.speed.angular.y = 0.0;
57          speed_msg.speed.angular.z = 0.0;
58          speed_msg.speed.linear.x = distance;
59          speed_msg.speed.linear.y = 0.0;
60          speed_msg.speed.linear.z = 0.0;
61          ctrl_speed.publish(speed_msg);
62            }
63          }
```

```
64          for(int i = 0; i<sizeof(backward)/sizeof(std::string);i
                ++)
65          {
66              if (backward[i]==msg->rst.c_str())
67              {
68              std::cout<<"后退"<<std::endl;
69              distance=-0.2;//控制机器人移动的距离
70              speed_msg.speed.angular.x = 0.0;
71              speed_msg.speed.angular.y = 0.0;
72              speed_msg.speed.angular.z = 0.0;
73              speed_msg.speed.linear.x = distance;
74              speed_msg.speed.linear.y = 0.0;
75              speed_msg.speed.linear.z = 0.0;
76              ctrl_speed.publish(speed_msg);
77               }
78           }
79
80          }
81 }
82 int main(int argc, char *argv[])
83 {
84     ros::init(argc, argv, "ctrl_speed");
85     ros::NodeHandle n;
86     ros::Subscriber sub = n.subscribe("send_command", 1000,
           asrCallback);
87     ctrl_speed = n.advertise<jd_robot::ctrl_speed_sub>("
           ctrl_speed", 1000);
88     ros::spin();
89     return 0;
90 }
```

控制家度机器人运动的消息为/ctrl_speed 话题，该话题的数据类型为 jd_robot::ctrl_speed_sub，在 jd_robot 功能包的 msg 文件夹下添加 ctrl_speed_sub.msg 文件，其内容如下所示：

```
Header header  # 数据头消息
uint32 status   # 身份验证信息
geometry_msgs/Twist speed  # 机器人运动信息
```

并修改 jd_robot 功能包的 CMakeLists.txt 文件，在 add_message_files 中添加消息文件 ctrl_speed_sub.msg。

编写完上述示例代码后，在 beginner_tutorials 包的 CMakelists.txt 中添加如下命令：

```
add_executable(ctrl_speed src/ctrl_speed.cpp)
add_dependencies(ctrl_speed ${${PROJECT_NAME}_EXPORTED_TARGETS}
                  ${catkin_EXPORTED_TARGETS})
target_link_libraries(ctrl_speed ${catkin_LIBRARIES})
```

修改好 CMakelists.txt 后，便可以进行编译和运行：

```
catkin_make
source devel/setup.bash
rosrun beginner_tutorials ctrl_speed
```

3. 语音控制机器人头部运动

控制机器人头部运动指的是控制机器人头部在水平和垂直方向上的转动，下面的例子将使用语音指令控制机器人头部运动。

示例代码：beginner_tutorials/src/ctrl_head.cpp 如下。

```
1 #include "ros/ros.h"
2 #include "sensor_msgs/JointState.h"
3 #include "jd_robot/speech2text.h"
4 
5 ros::Publisher ctrl_head;
6 sensor_msgs::JointState head_msg;
7 void asrCallback(const jd_robot::speech2text::ConstPtr &msg)
8 {
9     if (msg->rec_type == 2)
10     {
11         printf("%s\n", msg->rst.c_str());
12         std::string left[]={"往左看","向左看","朝左看","看左侧",
              "看左边"};
13         std::string right[]={"往右看","向右看","朝右看","看右侧"
              ,"看右边"};
14         std::string up[]={"往上看","向上看","朝上看","看上侧","
              看上边","看上面","抬头看"};
15         std::string forward[]={"往前看","向前看","朝前看","看前
              边","看前面"};
16         for(int i = 0; i<sizeof(forward)/sizeof(std::string);i
              ++)
17         {
```

```
18            if (forward[i]==msg->rst.c_str())
19            {
20            std::cout<<"向前看"<<std::endl;
21            float aa = 5;
22            head_msg.header.stamp=ros::Time::now();
23            head_msg.name.push_back("head_pan_dxl");
24            head_msg.position.push_back(aa);
25            head_msg.velocity.push_back(aa);
26            ctrl_head.publish(head_msg);
27            }
28        }
29
30        for(int i = 0; i<sizeof(left)/sizeof(std::string);i++)
31        {
32            if (left[i]==msg->rst.c_str())
33            {
34            std::cout<<"向左看"<<std::endl;
35            float aa = 5;
36            head_msg.header.stamp=ros::Time::now();
37            head_msg.name.push_back("head_pan_dxl");
38            head_msg.position.push_back(aa);
39            head_msg.velocity.push_back(aa);
40            ctrl_head.publish(head_msg);
41            }
42        }
43
44        for(int i = 0; i<sizeof(right)/sizeof(std::string);i++)
45        {
46            if (right[i]==msg->rst.c_str())
47            {
48            std::cout<<"向右看"<<std::endl;
49            float aa = -5;
50            head_msg.header.stamp=ros::Time::now();
51            head_msg.name.push_back("head_pan_dxl");
52            head_msg.position.push_back(aa);
53            head_msg.velocity.push_back(fabs(aa));
54            ctrl_head.publish(head_msg);
55            }
56        }
57
```

```
58          for(int i = 0; i<sizeof(up)/sizeof(std::string);i++)
59          {
60              if (up[i]==msg->rst.c_str())
61              {
62              std::cout<<"向上看"<<std::endl;
63              float bb = -5;
64              head_msg.header.stamp=ros::Time::now();
65              head_msg.name.push_back("head_tilt_dxl");
66              head_msg.position.push_back(bb);
67              head_msg.velocity.push_back(bb);
68              ctrl_head.publish(head_msg);
69              }
70          }
71      }
72 }
73 int main(int argc, char *argv[])
74 {
75     ros::init(argc, argv, "listen_asr");
76     ros::NodeHandle n;
77     ros::Subscriber sub = n.subscribe("send_command", 1000,
           asrCallback);
78     ctrl_head = n.advertise<sensor_msgs::JointState>("cmd_joint"
           , 1);
79     ros::spin();
80     return 0;
81 }
```

家度机器人控制头部运动的消息为/ctrl_head 话题，该话题的数据类型 sensor_msgs::JointState，如下所示：

```
std_msgs/Header header
string[] name  # 关节名称
float64[] position   # 关节角度
float64[] velocity   # 关节转动速度
float64[] effort     # 对关节施加的扭矩
```

编写完上述示例代码后，在 beginner_tutorials 包的 CMakelists.txt 添加：

```
add_executable(ctrl_head src/ctrl_head.cpp)
add_dependencies(ctrl_head ${${PROJECT_NAME}_EXPORTED_TARGETS}
                 ${catkin_EXPORTED_TARGETS})
```

```
target_link_libraries(ctrl_head ${catkin_LIBRARIES})
```

修改好 CMakelists.txt 后，便可以进行编译和运行：

```
catkin_make
source devel/setup.bash
rosrun beginner_tutorials ctrl_head
```

4. 语音合成

家度机器人能够将中文文字转换为语音输出，下面的代码将展示如何实现语音合成功能。

示例代码：beginner_tutorials/src/text2speech.cpp 如下。

```
1 #include "ros/ros.h"
2 #include "jd_robot/text_speech.h"
3
4 int main(int argc, char *argv[])
5 {
6     ros::init(argc, argv, "speech");
7     ros::NodeHandle n;
8     ros::Publisher t_speech = n.advertise<jd_robot::text_speech
          >("text2speech", 1000);
9     ros::Rate loop_rate(0.5);
10    int count = 0;
11    while(ros::ok())
12    {
13        jd_robot::text_speech msg;
14        msg.cmd = " 我是小宝";
15        t_speech.publish(msg);
16        ros::spinOnce();
17        loop_rate.sleep();
18        count++;
19    }
20    return 0;
21 }
```

家度机器人语音合成的消息为/text2speech 话题，该话题的数据类型为 jd_robot::text_speech，在 jd_robot 功能包的 msg 文件夹下添加 text_speech.msg 文件，其内容如下所示：

```
Header header
uint32 status
string cmd   # 输入需要转为语音的文字
uint8 prio
```

并修改 jd_robot 功能包的 CMakeLists.txt 文件，在 add_message_files 中添加消息文件 text_speech.msg。编写完上述示例代码后，在 beginner_tutorials 包的 CMakelists.txt 添加：

```
add_executable(text2speech src/text2speech.cpp)
add_dependencies(text2speech ${${PROJECT_NAME}_EXPORTED_TARGETS}
                 ${catkin_EXPORTED_TARGETS})
target_link_libraries(text2speech ${catkin_LIBRARIES})
```

修改好 CMakelists.txt 后，便可以进行编译和运行：

```
catkin_make
source devel/setup.bash
rosrun beginner_tutorials text2speech
```

第 5 章 视觉系统

5.1 OpenCV 库

5.1.1 OpenCV 库简介

OpenCV [27] 的全称是 Open Source Computer Vision Library，是一个开放源代码的计算机视觉库。2021 年 12 月 30 日 发布最新版本 OpenCV 4.5.5，用户可在项目主页上下载最新的官方发布版本，OpenCV 采用 BSD 协议，这是一个非常宽松的协议，用户可以跨平台免费使用。协议对用户唯一的约束是要在软件的文档或者说明中注明使用了 OpenCV，并附上 OpenCV 的协议。

OpenCV 中包含了上百种计算机视觉算法，同时还提供了 Python、Java、Ruby 以及 MATLAB/OCTAVE 等其他语言的接口。OpenCV 可以在多种系统平台上运行，包括 Windows、Linux、OS X、Android、iOS 等。

OpenCV 本质上是一堆 C 语言和 C++ 语言编写的源代码文件，这些源文件实现了许多计算机视觉方面的算法。由于源文件太多，OpenCV 将这些源文件进行分类: OpenCV 采用模块化结构，将这些源文件根据算法功能分到多个模块中。在这些模块中又将源文件编译为库文件，用户在使用时，只需将所需的库文件添加到自己的源文件中，与自己编译好的源文件进行链接即可生成可执行程序。

OpenCV 的模块化结构包含以下模块：

- core：定义数据基本结构的模块，包含稠密多维矩阵 Mat 类，以及其他模块所用到的一些基本功能。
- imgproc：图像处理模块，包括线性和非线性图像滤波、几何图像变换、颜色空间转换、直方图等。
- video：视频分析模块，包括运动估计、背景消除以及目标跟踪等算法。
- calib3d ：包括基础的多视几何算法，单、双目相机标定，目标姿势估计，立体匹配算法以及 3D 重构原理。
- features2d：包括显著特征探测器、描述符及描述符匹配器。
- objdetect：包括目标探测，以及预定义类 (比如面部、眼睛、杯子、人物、汽车等) 的例子。
- highgui：一个用于视频采集、图像和视频编解码以及创建简单的用户界面 (UI) 的简单易用的接口。

- gpu：GPU 加速算法。

OpenCV 主要关注实时应用，应用的领域包括：2D 和 3D 特征工具包、运动估计、面部识别系统、姿态识别、人机交互 (HCI)、移动机器人、运动理解、目标识别、图像分割与识别、立体视觉、运动恢复结构 (SFM)、运动跟踪、增强现实 (AR)。

5.1.2 OpenCV 库与 ROS 的接口

1. 概念

ROS 用系统本身的 sensor_msgs/Image 消息格式传递图像，但与此同时许多用户会希望能使用 OpenCV 对图像进行处理。ROS 中的 CvBridge 正是能实现这一功能的库，它可以为 ROS 和 OpenCV 之间提供一个接口，在 vision_opencv 功能包集中的 cv_bridge 功能包中就能找到 CvBridge。

OpenCV 中 Mat 是一个非常优秀的图像类，它同时也是一个通用矩阵类，在 OpenCV 中通常使用 Mat 数据结构来表示图像。由于 Mat 类能自动管理内存，所以代码会变得简洁。

ROS 与 OpenCV 之间的关系框架图如图 5.1 所示。

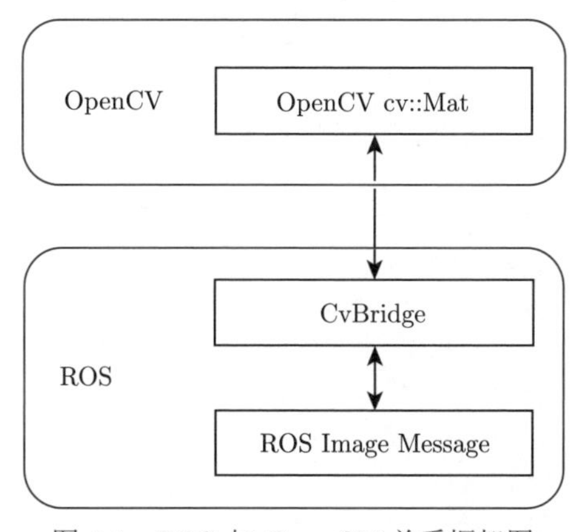

图 5.1 ROS 与 OpenCV 关系框架图

2. 将 ROS 图像消息转换为 OpenCV 图像

CvBridge 定义了一个 CvImage 类，该类中包含了一幅 OpenCV 图像、图像的编码以及一个 ROS 的头文件。CvImage 包含的这些内容 sensor_msgs/Image 中也都包含，所以这两者之间可以任意地转换。CvImage 类的形式如下：

```
namespace cv_bridge {

class CvImage
{
public:
  std_msgs::Header header;
  std::string encoding;
  cv::Mat image;
};

typedef boost::shared_ptr<CvImage> CvImagePtr;
typedef boost::shared_ptr<CvImage const> CvImageConstPtr;

}
```

当将一个 ROS 中 sensor_msgs/Image 类型的消息转换 CvImage 图像数据，CvBridge 会将以下两种情况区别对待：

(1) 当用户想在原来的数据基础上进行修改，那么就必须对 ROS 中的消息数据进行复制。

(2) 当用户不需要修改数据，那么就可以很安全地共享 ROS 中的消息数据，而不用复制。

CvBridge 提供了以下的功能来转换为 CvImage 图片数据：

```
  // Case 1: Always copy, returning a mutable CvImage
CvImagePtr toCvCopy(const sensor_msgs::ImageConstPtr& source,
                    const std::string& encoding = std::string());
CvImagePtr toCvCopy(const sensor_msgs::Image& source,
                    const std::string& encoding = std::string());

// Case 2: Share if possible, returning a const CvImage
CvImageConstPtr toCvShare(const sensor_msgs::ImageConstPtr& source,
const std::string& encoding = std::string());

CvImageConstPtr toCvShare(const sensor_msgs::Image& source,
const boost::shared_ptr<void const>& tracked_object,
const std::string& encoding = std::string());
```

以上输入的是图像消息指针以及可选择的编码参数,该编码指的是目标 CvImage 图像数据的编码。

即使源图像和目标图像编码匹配，toCvCopy 仍然会为 ROS 消息中得到的图像数据创建一份副本，然而与此同时，用户就可以对返回的 CvImage 图像数据进行任意修改。

如果源图像和目标图像编码匹配，toCvShare 将会指向一个 ROS 消息数据中的 cv::Mat 类返回值，而不是一份副本。一旦用户得到返回的 CvImage 图像数据副本，对应的 ROS 消息数据将不会被释放。如果源图像和目标图像编码不匹配，toCvShare 将会分配一个新的缓存来执行转换。返回的 CvImage 图像数据不允许被修改，因为它和 ROS 图像消息共享数据，而 ROS 图像消息随后可能被其他的一些回调函数共享。

如果没有给出编码，那么目标图像的编码将与图像消息中的编码相同，在这种情况下 toCvShare 肯定不会复制图像数据。图像编码可以是以下 OpenCV 图像编码中的任何一个：

- 8UC[1-4]
- 8SC[1-4]
- 16UC[1-4]
- 16SC[1-4]
- 32SC[1-4]
- 32FC[1-4]
- 64FC[1-4]

对于当下流行的图像编码，在必要时 CvBridge 将会有选择地进行颜色和像素深度转换。为了使用这一特性，将图像编码指定为以下字符串中的一种：

- mono8: CV_8UC1 8 位黑白图像
- mono16: CV_16UC1 16 位黑白图像
- bgr8: CV_8UC3 8 位彩色图像，颜色顺序为蓝、绿、红
- rgb8: CV_8UC3 8 位彩色图像，颜色顺序为红、绿、蓝
- bgra8: CV_8UC4 8 位 BGR 彩色图像加 alpha 通道
- rgba8: CV_8UC4 8 位 RGB 彩色图像加 alpha 通道

注意：mono8 和 bgr8 是被大多数 OpenCV 功能所期待的两种图像编码。

3. 将 OpenCV 图像转换为 ROS 图像消息

要将 OpenCV 图像转换为 ROS 图像消息，需要使用一个叫作 toImageMsg() 的成员函数。

```
class CvImage
{
```

```
    sensor_msgs::ImagePtr toImageMsg() const;

    // Overload mainly intended for aggregate messages that contain
    // a sensor_msgs::Image as a member.
    void toImageMsg(sensor_msgs::Image& ros_image) const;
};
```

5.2 Point Cloud 点云及处理流程

点云指的是采用三维数据采集设备采集到的三维数据。最常用的三维数据采集设备是激光扫描仪，如 LiDAR (Light Detection And Ranging)，类似的还有 RGBD 相机、双目相机。一般激光扫描仪通过非结构化三维点的形式进行数据表示。点云包含了位置 (x，y，z 三个维度坐标值)、颜色等重要信息。点云具有可以表达物体的空间轮廓和具体位置、点云本身和视角无关 (可以任意旋转) 等优点，因此在测绘、自动驾驶、农业、考古、医疗等领域中得到广泛应用。点云示例如图 5.2 和图 5.3 所示。

图 5.2　Point Cloud 点云示例：福州大学校园航拍

按照构成特点，点云可以分为两种：有序点云和无序点云。有序点云一般有深度图还原的点云，它按照图方阵一行一行地从左上角到右下角排列。有序点云按顺序排列，可以很容易找到它的相邻点信息。有序点云在数据处理的时候比较方便，但是大部分情况下我们无法获得有序点云。无序点云的点没有按照顺序排列，点的顺序交换后没有任何影响。无序点云是比较常见的点云形式。当然有序点云也可看作无序点云来处理。

点云目前的主要存储格式包括：pts、LAS、PCD、xyz、pcap 等。

(1) pts 存储格式是最简便的点云格式，直接按 XYZ 顺序存储点云数据，可以是整型或者浮点型。

(2) LAS 是激光雷达数据 (LiDAR)，存储格式比 pts 复杂，旨在提供一种开放的格式标准，允许不同的硬件和软件提供商输出可互操作的统一格式。

(3) PCD 存储格式，为了支持 PCL 库而引进的处理 n 维点类型数据的文件格式。PCD 文件格式有文本和二进制两种格式。

(4) xyz 存储格式是一种文本格式，前面 3 个数字表示点坐标，后面 3 个数字是点的法向量，数字间以空格分隔。

(5) pcap 存储格式是一种通用的数据流格式，它是 Velodyne 公司出品的激光雷达默认采集数据文件格式。它是一种二进制文件。

图 5.3 Point Cloud 点云示例：无人驾驶

点云处理一般包含如下几个步骤。

(1) 数据获取。采用数据采集设备获得初步数据。点云一般是通过三维成像传感器获得，比如双目相机、三维扫描仪、RGB-D 相机等。

(2) 数据预处理。通常采集设备获得的数据包含很多离群点 (Outlier)。需要把数据中的离群点删除。

(3) 数据配准 (Registration)。很多时候数据不是一次或者一台设备获取的，那么就需要把相邻近的数据进行拼接。点云配准分为粗配准 (Coarse Registration) 和精配准 (Fine Registration) 两个阶段。粗配准是指在点云相对位姿完全未知的情况下对点云进行配准，可以为精配准提供良好的初始值。精配准的目的是在粗配准的基础上让点云之间的空间位置差别最小化。

最常用的精配准算法是 ICP(Iterative Closest Points) [28] 算法及其各种改进算法。ICP 算法主要原理：给定两个独立的 3D 点云 $\hat{M}$ 和 $\hat{D}$，其点云数量分别为 $N_m(|\hat{M}|=N_m)$ 和 $N_d(|\hat{D}|=N_d)$，这两个点云对应于一个物体。我们需要寻找变换矩阵 (R,t)，其中 R 是旋转矩阵，t 是平移向量，使得如下代价函数最小化：

$$E(R,t)=\sum_{i=1}^{N_m}\sum_{j=1}^{N_d}\omega_{i,j}\|\hat{m}_i-(R\hat{d}_j+t)\|^2$$

ICP 算法原理如图 5.4 所示。其中左上角图代表第 i 帧扫描，左下角图代表第 $i+1$ 帧扫描，右上角图代表代表粗配准，右下角图代表精配准。

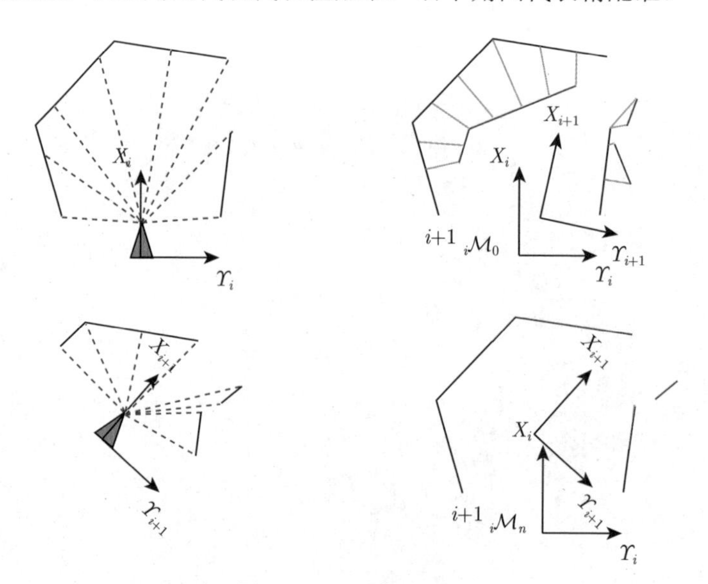

图 5.4　ICP 算法原理

(4) 点云分割 (Segmentation)。点云分割是根据空间、几何和纹理等特征对点云进行划分，使得同一划分内的点云拥有相似的特征。在逆向工程领域、CAD 领域对零件扫描表面进行分割，然后才能更好地进行曲面重建、特征描述和提取，进而进行基于 3D 内容的检索、组合重用等。在机器人领域，点云分割算法主要基于几何约束和统计规则制定的人工设计特征 (feature)。其主要目的是将原始 3D 点分组为非重叠区域。这些区域对应于一个场景中的特定结构或感兴趣对象。常见传统的点云分割算法主要有四类：基于边缘的方法、基于区域增长的方法、基于模型拟合的方法和基于聚类的方法。近年来，基于深度学习的语义点云分割算法也逐渐得到关注和研究。

5.3 PCL 库

5.3.1 PCL 库简介

PCL [29,30] 的全称是 Point Cloud Library，是一个用于点云处理的大型开源编程库。

点云是一种用来表示多维点集的数据结构，通常是用来表示物体的三维数据。在三维点云数据中，物体上的每一点都是用某一几何坐标系下的 X，Y，Z 坐标值来表示。当加入颜色信息后，点云数据变为 4D。点云数据可以通过硬件传感器获得，比如立体相机、3D 扫描仪、TOF(Time Of Flight) 相机等。PCL 支持 OpenNI 接口，因此还可以通过 Microsoft Kinect、Asus XTion PRO、Prime Sensor 3D Cameras 获取并处理点云数据。

1. PCL 库功能模块

PCL 的架构中纳入了多种处理点云数据的算法，包括滤波、特征估计、曲面重构、配准、模型拟合及分割等。为了便于开发与使用，PCL 与 OpenCV 一样，采取了模块化的结构，根据功能分为一系列代码库，PCL 中最重要的一些模块如下所示：

- filters：pcl_filters 库包含了 3D 点云数据体外孤点和噪声的去除方法。
- features：pcl_features 库实现了根据点云数据进行 3D 特征估计的功能，如曲面的曲率及法线估计等。
- keypoints：pcl_keypoints 库实现了两种点云关键点探测算法，提取关键点可作为预处理的一个步骤，决定在图像或点云数据的哪个位置提取特征描述符。
- registration：pcl_registration 库实现了一系列点云配准算法，能够将多幅点云数据融合到一个统一的坐标系下。
- kdtree：pcl_kdtree 库提供了 kd 树 (k-dimensional tree) [31] 数据结构，能够将一系列点云分割、存储在树结构中，用来进行有效范围查找和最近邻查找。最近邻查找是点云处理中的核心操作，在查找对应点、特征描述符以及定义本地邻近点时都会用到。
- octree：pcl_octree 库提供了有效的方法直接从点云数据创建树结构，支持的操作有点云的空间分割、下采样以及搜索等。
- segmentation：pcl_segmentation 库包含了将点云数据分割为多个片段簇的算法，这些算法最适合处理由一些空间隔离区域组成的点云。
- sample_consensus：pcl_sample_consensus 库包含了采样一致性方法 [32,33]，

比如 RANSAC 算法以及平面、圆柱等模型。这些算法可以自由地组合，用来探测点云数据中具体的模型以及它们的参数。

- surface：pcl_surface 库实现根据点云数据进行表面重建的功能，其中网格化是根据点云创建曲面最常用的方法之一。
- range_image：PCL 中用来处理深度视差图的库。一般深度图是由双目相机生成的，如果知道相机内参，那么可以将深度图转换为点云。
- io：pcl_io 库实现点云数据 (PCD) 的读写，以及从各种传感器装置获取点云。
- visualization：pcl_visualization 库实现了将处理过的 3D 点云数据结果快速可视化，包括渲染、设置可视化参数、绘制 3D 形状、2D 细节的直方图可视化等功能。

PCL 官网展示的各个模块如图 5.5 所示。PCL 代码库之间的关系框架如图 5.6 所示。

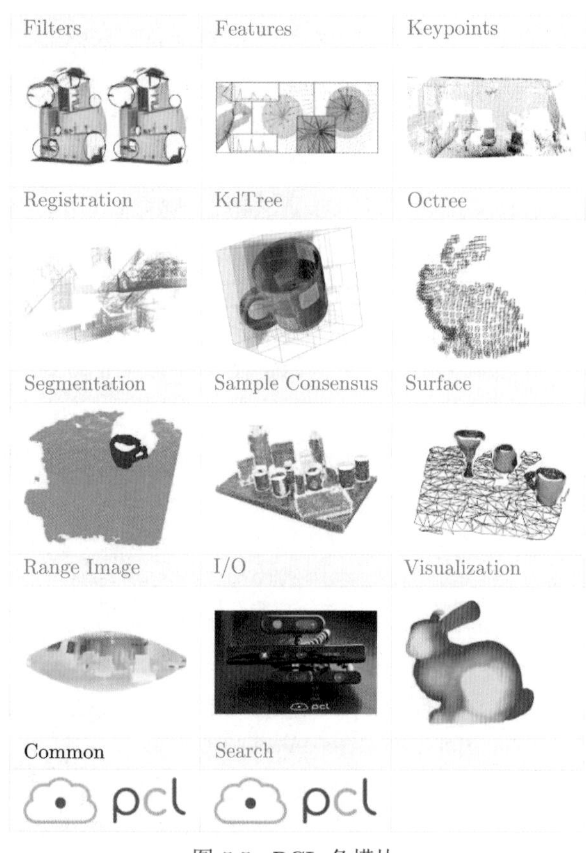

图 5.5 PCL 各模块

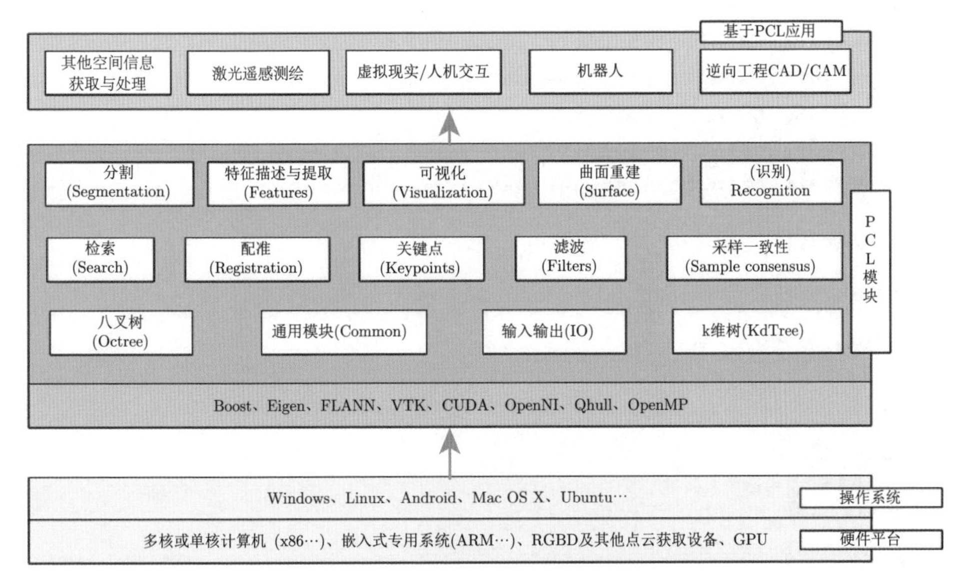

图 5.6 PCL 与底层和应用层关系框架图

用户可以使用这些代码库中的算法，对含有噪声的点云数据进行降噪，分割一个场景中的相关部分，在世界坐标系下根据物体的几何外形提取关键点，计算特征描述符，进而识别目标。还可以根据点云数据创建曲面并将之可视化。

PCL 是 BSD 授权方式，同时也是一个开放源代码的软件包，可以免费用于商业和研究领域。PCL 也是支持多平台的开发环境，能在 Linux、Mac OS、Windows 和 Android/iOS 上进行编译与部署。

2. PCL 库安装

在 Ubuntu 18.04 系统和 ROS Melodic 版本中，可以使用如下命令安装 PCL 库。首先安装相关依赖库：

```
sudo apt-get update
sudo apt-get install git build-essential linux-libc-dev
sudo apt-get install cmake cmake-gui
sudo apt-get install libusb-1.0-0-dev libusb-dev libudev-dev
sudo apt-get install mpi-default-dev openmpi-bin openmpi-common
sudo apt-get install libpcap-dev
sudo apt-get install libflann1.9 libflann-dev
sudo apt-get install libeigen3-dev
sudo apt-get install libboost-all-dev
sudo apt-get install vtk6 libvtk6.3 libvtk6-dev libvtk6.3-qt libvtk6
  -qt-dev
```

```
sudo apt-get install libqhull* libgtest-dev
sudo apt-get install freeglut3-dev pkg-config
sudo apt-get install libxmu-dev libxi-dev
sudo apt-get install mono-complete
sudo apt-get install libopenni-dev libopenni2-dev
```

然后是下载安装包：

```
git clone https://github.com/PointCloudLibrary/pcl.git
```

下一步需要进入 PCL 目录，进行编译：

```
cd pcl
mkdir release
cd release
cmake -DCMAKE_BUILD_TYPE=None \
      -DCMAKE_INSTALL_PREFIX=/usr/local \
      -DBUILD_GPU=ON \
      -DBUILD_apps=ON \
      -DBUILD_examples=ON ..
make
```

编译时间较长，等编译结束，可以安装：

```
sudo make install
```

安装完成之后，我们可以执行下面命令，测试是否安装成功。如果窗口出现 PCL 的 logo ，表示安装成功。

```
pcl_viewer ../test/pcl_logo.pcd
```

5.3.2 PCD 文件

如前面一节所述，PCD 格式文件是为了支持 PCL 点云处理而设计的。我们采用一个简单的 PCD 文件例子来举例。前面若干行代表文件头，分别定义了相关参数。PCD 文件的文件头部分必须以指定的顺序精确指定，也就是如下顺序：VERSION，FIELDS，SIZE，TYPE，COUNT，WIDTH，HEIGHT，VIEWPOINT，POINTS，DATA。各个数据点之间用换行隔开，即每一点占据一个新行。下面例子中，最后两行是真实数据，每一行是一个点。

```
# .PCD v0.7 - Point Cloud Data file format
VERSION 0.7
FIELDS x y z
SIZE 4 4 4
```

```
TYPE F F F
COUNT 1 1 1
WIDTH 30512
HEIGHT 1
VIEWPOINT 0 0 0 1 0 0 0
POINTS 30512
DATA ascii
-0.82098562 -0.11858848 -0.35537913
-0.82267916 -0.11883311 -0.3525508
```

上述点云文件在 Gazebo 和 RViz 中的显示效果如图 5.7 和图 5.8 所示。

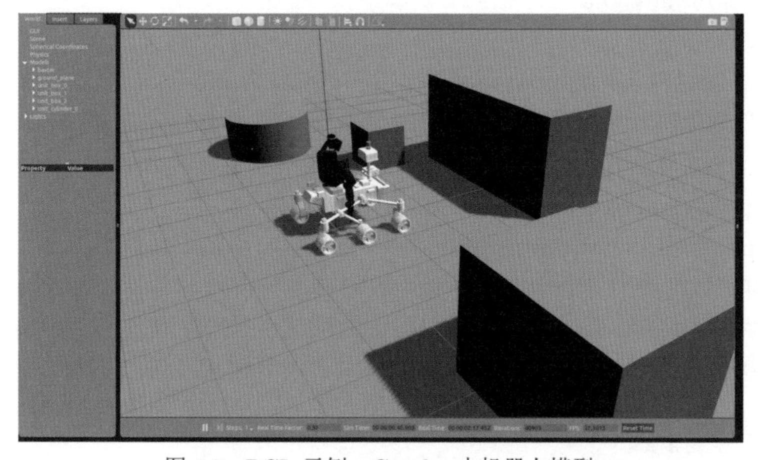

图 5.7 PCL 示例：Gazebo 中机器人模型

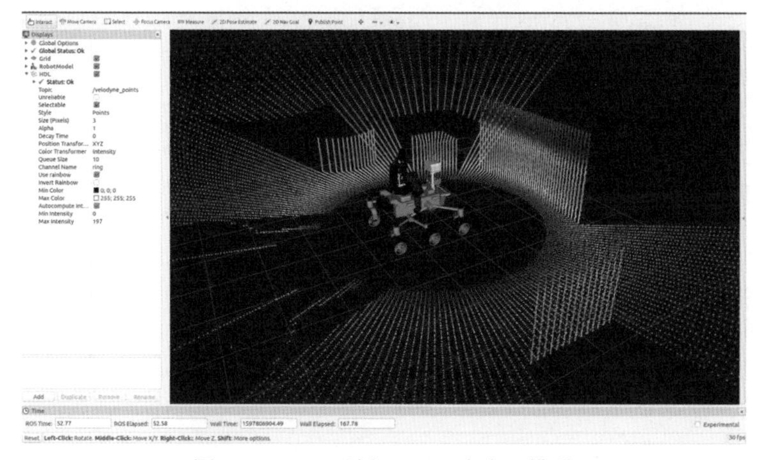

图 5.8 PCL 示例：RViz 中点云模型

5.3.3 PCL 库与 ROS 的接口

1. ROS 中的点云消息

sensor_msgs::PointCloud2 是 ROS 依据现行的 PCL 实际标准制定的点云消息类型，目前可用于描述任意的 n 维数据，n 维数据坐标值的具体数据类型可以是 int、float、double 等任何基本数据类型。

2. PCL 点云数据类型

PCL 库中常用的点云数据包括两种：pcl::PointCloud<T> 和 pcl::PCLPointCloud2。

(1) pcl::PointCloud<T> 是 PCL 库中核心的点云数据类型。它可以是 point_types.h 中列举的任意点云模板类或用户自定义类型。

pcl::PointCloud<T> 与 sensor_msgs::PointCloud2 消息类型有着相似的结构，两者之间能进行相互转换。另外，在点云处理的节点中最好使用 pcl::PointCloud<T> 这一模板类，而不是 sensor_msgs::PointCloud2 这一消息类，这样做的一个原因是可以提高点云处理的效率。

(2) pcl::PCLPointCloud2 也是一种重要并且有用的点云数据类型，用户可以直接使用该数据类型订阅节点，并且该数据类型可以自动完成从 sensor_msgs 消息类的序列化或到 sensor_msgs 消息类的序列化，是一种能够较好兼容 ROS 的 PCL 数据结构。

3. PCL 点云数据与 ROS 中的点云消息的转换

PCL 点云数据与 ROS 中点云消息的转换包括 pcl::PointCloud<T> 模板类与 sensor_msgs::PointCloud2 消息类之间的转换以及 pcl::PCLPointCloud2 与 sensor_msgs::PointCloud2 消息类之间的转换。

(1) pcl::PointCloud<T> 与 sensor_msgs::PointCloud2 之间的转换

通常使用 pcl_conversions 功能包中的 pcl::fromROSMsg 与 pcl::toROSMsg 完成二者之间的转换，函数的具体定义如下。

pcl::fromROSMsg 函数：

```
template<typename T>
void pcl::fromROSMsg(const sensor_msgs::PointCloud2& cloud,
pcl::PointCloud< T >& pcl_cloud)
```

pcl::toROSMsg 函数：

```
template<typename T>
void pcl::toROSMsg(const pcl::PointCloud< T > & pcl_cloud,
sensor_msgs::PointCloud2 &  cloud)
Provide to/fromROSMsg for sensor_msgs::PointCloud2
<=> pcl::PointCloud<T>
```

(2) pcl::PCLPointCloud2 与 sensor_msgs::PointCloud2 之间的转换

通常使用 pcl_conversions::toPCL 和 pcl_conversions::fromPCL 完成二者之间的转换，函数的具体定义如下。

pcl_conversions::toPCL 函数：

```
void pcl_conversions::toPCL(
const sensor_msgs::PointCloud2& pc2,
pcl::PCLPointCloud2& pcl_pc2) [inline]
```

pcl_conversions::fromPCL 函数：

```
void pcl_conversions::fromPCL(
const pcl::PCLPointCloud2& pcl_pc2,
sensor_msgs::PointCloud2& pc2) [inline]
```

5.4 体感相机在 TurtleBot2 上的应用

5.4.1 体感相机简介

体感相机由彩色摄像头、红外发射器和红外摄像头组成，不仅能获取 RGB 图像，也能获取场景的深度信息并能够将其转换为场景的三维点云数据。相比其他传感器 (如双目视觉传感器、激光传感器等)，体感相机具有以下优势：

(1) 体感相机能够快速获取场景的深度信息，并将其转化为三维点云数据。

(2) 体感相机是一种主动传感器，它不受环境中可见光干扰。

(3) 体感相机核心设备是彩色相机、红外发射器和 CMOS 红外相机，这些设备都比较廉价，因此体感相机的售价也比较低。

常见的体感相机有微软的 Kinect 和华硕的 Xtion Pro，如图 5.9 所示。

下面以 Kinect 为例来说明如何在 ROS 中配置和测试体感相机。

Kinect 有以下三个传感器，用户可能会在视觉和机器人领域用到它们：

- VGA 接口的 RGB 彩色相机。
- 深度传感器。由一个红外发射器和一个黑白的 CMOS 传感器组成。

- 多阵列的麦克风。可以用来将用户的声音和环境噪声进行分离。

在 ROS 中，用户会用到以上三个传感器中的两个，即 RGB 彩色相机和深度传感器，在最新版本的 ROS 中则三个都能用到。

在使用 Kinect 之前，用户需要安装一些功能包和驱动程序，可以用以下命令行进行安装：

图 5.9 体感相机

```
sudo apt-get install ros-noetic-rgbd-launch
ros-noetic-openni2-camera ros-noetic-openni2-launch
```

在功能包和驱动装好以后，插上 Kinect，随后用户就可以运行节点来使用 Kinect 了。在一个终端中输入 roscore，在另一个终端中输入以下命令行：

```
rosrun openni_camera openni_node
roslaunch openni_launch openni.launch
```

如果驱动程序及功能包安装正确，则不会看到错误消息。

现在来看看用户可以用这些节点做什么。首先输入 rostopic list命令列出已经创建的话题，其中最重要的一些话题如下：

```
...
/camera/rgb/image_color
/camera/rgb/image_mono
/camera/rgb/image_raw
/camera/rgb/image_rect
/camera/rgb/image_rect_color
...
```

如果用户想查看 Kinect 中的一个传感器，比如 RGB 相机，可以使用 /camera/rgb/image_color话题。为了看到传感器传回的图像，用户需要使用 image_view 功能包。在另一个终端输入如下命令：

```
rosrun image_view image_view image:=/camera/rgb/image_color
```

注意：用户需要将图像话题重新命名为 /camera/rgb/image_color。如果运行顺利，会出现一个新的窗口将 Kinect 传回的图像显示出来。

如果用户想查看深度传感器，可以尝试使用 ROSdisparity_view节点，在终端中输入如下命令：

```
rosrun image_view disparity_view image:=/camera/depth/disparity
```

注意：用户需要将图像话题重新命名为 /camera/depth/disparity。新窗口中不同的颜色用于区分不同物体到摄像头的距离。

如果程序运行成功，用户将会看到与图 5.10 类似的两个新窗口。

图 5.10 程序创建的新窗口

点云数据是深度图像的三维显示，用来传送点云数据的话题是用户需要关注的另外一个重要的方面，用户可以在/camera/depth/points、/camera/depth_registered/points等话题中自行查看。比如用户想查看 /camera/depth/points 话题的消息类型以及消息的域值，可以使用如下命令：

```
rostopic type /camera/depth/points | rosmsg show
```

如果想将该数据类型可视化，可以在一新的终端中运行 RViz 并且添加一个新的 PointCloud2数据可视化，如下所示：

```
rosrun rviz rviz
```

点击 Add，选择 PointCloud2，一旦选择了 PointCloud2显示类型，随后就可以选择 /camera/depth/points的话题了。

此时在电脑上就可以看到一个实时的 3D 图像，如果你在传感器前移动，可以看到你在 3D 图像中也在移动，如图 5.11 所示。

图 5.11　RViz 窗口可视化

5.4.2　OpenCV 人脸检测

OpenCV 的人脸识别使用 Harr 特征检测器，该检测可以用不同的 XML 文件初始化，XML 文件中定义了用户想要检测的物体。当直接检测正面人脸时将使用这些文件中的两个来进行识别，另一个 XML 文件可以用来检测人脸的侧面。通过在成百上千张包含或不包含人脸的图片上训练机器学习算法，进而生成这些 XML 文件。这些学习算法就能够提取出人脸所具有的特征，并将结果存储在 XML 格式的文件中。

首先运行视频驱动来运行检测器。微软 Kinect：

```
roslaunch freenect_launch freenect-registered-xyzrgb.launch
```

华硕 Xtion：

```
roslaunch openni2_launch openni2.launch depth_registration:=true
```

然后运行人脸检测节点：

```
roslaunch rbx1_vision face_detector.launch
```

在图 5.12 中可以看见用户的脸被一个绿色的选框框起。当用户的脸消失，选框也随之消失并且出现“LOST FACE”的消息。当试着移动脸部，或者用手挡住脸部，“Hit Rate”检测率会出现在屏幕上。当脸部距离体感相机过远时，检测将失败。现在来看一看代码：

```
1 import roslib; roslib.load_manifest('rbx1_vision')
2 import rospy
```

```
3 import cv2
4 import cv2.cv as cv
5 from ros2opencv2 import ROS2OpenCV2
6
7 class FaceDetector(ROS2OpenCV2):
8     def __init__(self, node_name):
9         super(FaceDetector, self).__init__(node_name)
10
11         # Get the paths to the cascade XML files for the Haar
              detectors.
12         # These are set in the launch file.
13         cascade_1=rospy.get_param("~cascade_1", "")
14         cascade_2=rospy.get_param("~cascade_2", "")
15         cascade_3=rospy.get_param("~cascade_3", "")
16
17         # Initialize the Haar detectors using the cascade files
18         self.cascade_1=cv2.CascadeClassifier(cascade_1)
19         self.cascade_2=cv2.CascadeClassifier(cascade_2)
20         self.cascade_3=cv2.CascadeClassifier(cascade_3)
21
22         # Set cascade parameters that tend to work well for
              faces.
23         # Can be overridden in launch file
24         self.haar_minSize = rospy.get_param("~haar_minSize",
              (20, 20))
25         self.haar_maxSize = rospy.get_param("~haar_maxSize",
              (150, 150))
26         self.haar_scaleFactor = rospy.get_param("~
              haar_scaleFactor", 1.3)
27         self.haar_minNeighbors = rospy.get_param("~
              haar_minNeighbors", 1)
28         self.haar_flags = rospy.get_param("~haar_flags",cv.
              CV_HAAR_DO_CANNY_PRUNING)
29
30         # Store all parameters together for passing to the
              detector
31         self.haar_params = dict(minSize = self.haar_minSize,
              maxSize = self.haar_maxSize, scaleFactor = self.
              haar_scaleFactor, minNeighbors = self.
              haar_minNeighbors, flags = self.haar_flags)
```

```
32
33        # Do we should text on the display?
34        self.show_text = rospy.get_param("~show_text", True)
35
36        # Intialize the detection box
37        self.detect_box = None
38
39        # Track the number of hits and misses
40        self.hits = 0
41        self.misses = 0
42        self.hit_rate = 0
43
44    def process_image(self, cv_image):
45        # Create a greyscale version of the image
46        grey = cv2.cvtColor(cv_image, cv2.COLOR_BGR2GRAY)
47
48        # Equalize the histogram to reduce lighting effects
49        grey = cv2.equalizeHist(grey)
50
51        # Attempt to detect a face
52        self.detect_box = self.detect_face(grey)
53
54        # Did we find one?
55        if self.detect_box is not None:
56            self.hits += 1
57        else:
58            self.misses += 1
59
60        # Keep tabs on the hit rate so far
61        self.hit_rate = float(self.hits) / (self.hits + self.
              misses)
62
63        return cv_image
64
65    def detect_face(self, input_image):
66        # First check one of the frontal templates
67        if self.cascade_1:
68            faces = self.cascade_1.detectMultiScale(input_image,
                  **self.haar_params)
69
```

```
70          # If that fails, check the profile template
71          if len(faces) == 0 and self.cascade_3:
72              faces = self.cascade_3.detectMultiScale(input_image,
                    **self.haar_params)
73
74          # If that also fails, check a the other frontal template
75          if len(faces) == 0 and self.cascade_2:
76              faces = self.cascade_2.detectMultiScale(input_image,
                    **self.haar_params)
77
78          # The faces variable holds a list of face boxes.
79          # If one or more faces are detected, return the first
                one.
80          if len(faces) > 0:
81              face_box = faces[0]
82          else:
83              # If no faces were detected, print the "LOST FACE"
                    message on the screen
84              if self.show_text:
85                  font_face = cv2.FONT_HERSHEY_SIMPLEX
86                  font_scale = 0.5
87                  cv2.putText(self.marker_image, "LOST FACE!",
                        (int(self.frame_size[0] * 0.65), int(self.
                        frame_size[1]*0.9)), font_face, font_scale,
                        cv.RGB(255, 50, 50))
88              face_box = None
89
90          # Display the hit rate so far
91          if self.show_text:
92              font_face = cv2.FONT_HERSHEY_SIMPLEX
93              font_scale = 0.5
94              cv2.putText(self.marker_image, "Hit Rate: " + str(
                    trunc(self.hit_rate, 2)),
                    (20, int(self.frame_size[1] * 0.9)), font_face,
                    font_scale, cv.RGB(255, 255, 0))
95
96          return face_box
97
98 def trunc(f, n):
99     '''Truncates/pads a float f to n decimal places without
```

```
            rounding'''
100     slen = len('%.*f' % (n, f))
101     return float(str(f)[:slen])
102
103 if __name__ == '__main__':
104     try:
105         node_name = "face_detector"
106         FaceDetector(node_name)
107         rospy.spin()
108     except KeyboardInterrupt:
109         print "Shutting down face detector node."
110         cv2.destroyAllWindows()
```

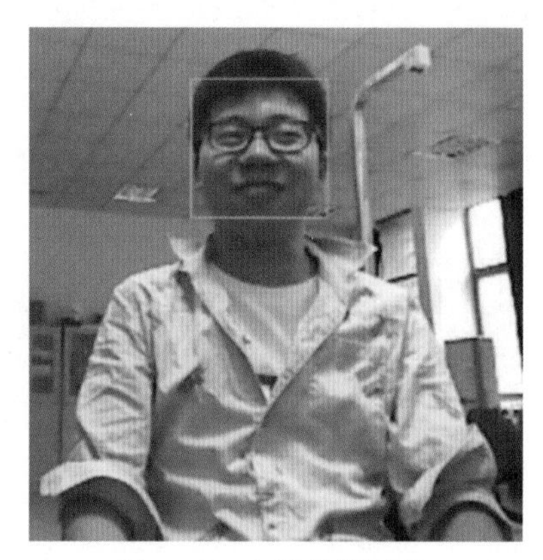

图 5.12　人脸检测结果

关键代码如下：

```
5 from ros2opencv2 import ROS2OpenCV2
6
7     class FaceDetector(ROS2OpenCV2):
8         def __init__(self, node_name):
9             super(FaceDetector, self).__init__(node_name)
```

首先输入类文件 ros2opencv2.py，人脸检测节点被定义在类 ROS2OpenCV2 中。随后初始化一个节点 super()。

```
13 cascade_1 = rospy.get_param("~cascade_1", "")
14 cascade_2 = rospy.get_param("~cascade_2", "")
15 cascade_3 = rospy.get_param("~cascade_3", "")
```

这三个参数存储在 XML 文件中，文件中包含了我们要使用的 Haar 特征检测器。路径被定义在 launch 文件 rbx1_vision/launch/face_detector.launch 中。

```
18 self.cascade_1 = cv2.CascadeClassifier(cascade_1)
19 self.cascade_2 = cv2.CascadeClassifier(cascade_2)
20 self.cascade_3 = cv2.CascadeClassifier(cascade_3)
```

这三行建立了 OpenCV 基于三个 XML 文件的联级分类器。

```
24 self.haar_minSize = rospy.get_param("~haar_minSize", (20, 20))
25 self.haar_maxSize = rospy.get_param("~haar_maxSize", (150,150))
26 self.haar_scaleFactor = rospy.get_param("~haar_scaleFactor",
       1.3)
27 self.haar_minNeighbors = rospy.get_param("~haar_minNeighbors",
       1)
28 self.haar_flags = rospy.get_param("~haar_flags", cv.
       CV_HAAR_DO_CANNY_PRUNING)
```

联级分类器需要一些参数，这些参数决定分类器的速度和检测目标的阈值。minSize 和 maxSize 两个参数定义了最小和最大目标数目。scaleFactor 参数为比例因子，用于表示图像金字塔尺度。

```
31 self.haar_params = dict(minSize = self.haar_minSize, maxSize =
       self.haar_maxSize, scaleFactor = self.haar_scaleFactor,
       minNeighbors = self.haar_minNeighbors, flags = self.
       haar_flags)
```

为了便于以后使用，这里存储所有的参数。

```
44 def process_image(self, cv_image):
45 # Create a grayscale version of the image
46 grey = cv2.cvtColor(cv_image, cv2.COLOR_BGR2GRAY)
47
48 # Equalize the histogram to reduce lighting effects
49 grey = cv2.equalizeHist(grey)
```

包括 Haar 在内的大多数特征检测的算法都作用于灰度图像上，所以这里先将彩色图像转换为灰度图像，然后计算灰度图像的直方图。

```
52 self.detect_box = self.detect_face(grey)
53
54 # Did we find one?
55 if self.detect_box is not None:
56 self.hits += 1
```

```
57 else:
58 self.misses += 1
59
60 # Keep tabs on the hit rate so far
61 self.hit_rate = float(self.hits) / (self.hits + self.misses)
```

这里把预处理的图片发送到检测器函数 detect_face() 中。如果人脸被检测到，选框将会返回到变量 self.detect_box 中，并且出现在图像上。

如果人脸检测到，hits 加 1，如果没有检测到，misses 加 1。

```
65 def detect_face(self, input_image):
66 # First check one of the frontal templates
67 if self.cascade_1:
68 faces = self.cascade_1.detectMultiScale(input_image, **self.
       haar_params)
```

这里程序启动最重要的 detect_face() 函数。通过联级分类器运行输入图片，detectMultiScale() 函数在多尺度的图片金字塔中寻找脸部特征。

```
71 if len(faces) == 0 and self.cascade_3:
72 faces = self.cascade_3.detectMultiScale(input_image,**self.
       haar_params)
73
74 # If that also fails, check a the other frontal template
75 if len(faces) == 0 and self.cascade_2:
76 faces = self.cascade_2.detectMultiScale(input_image, **self.
       haar_params)
```

如果人脸没有检测到则尝试第二个检测器。如果还是没有，则第三个。

```
80 if len(faces) > 0:
81 face_box = faces[0]
```

如果一个或者更多的人脸被发现，将会有一个脸的列表生成。

5.4.3 PCL 点云滤波

本节将通过 Kinect 获取点云并进行滤波，同时编写一个程序在 ROS 中生成一个节点，对 Kinect 传感器获取的点云数据进行滤波，减少原始点的数量，对点云数据进行下采样。步骤如下：

(1) 创建一个 ROS 功能包。

在创建的 `workspace/src`目录下运行：

```
catkin_create_pkg my_pcl_tutorial pcl_conversions pcl_ros roscpp
    sensor_msgs
```

随后，在生成的 package.xml文件中添加：

```
<build_depend>libpcl-all-dev</build_depend>
<run_depend>libpcl-all</run_depend>
```

(2) 编写源文件。

在已经创建好的 my_pcl_tutorial/src目录下新建一个 example.cpp 文件，键入如下代码：

```
1  #include <ros/ros.h>
2  // PCL specific includes
3  #include <sensor_msgs/PointCloud2.h>
4  #include <pcl_conversions/pcl_conversions.h>
5  #include <pcl/point_cloud.h>
6  #include <pcl/point_types.h>
7  #include <pcl/filters/voxel_grid.h>
8
9  ros::Publisher pub;
10
11 void
12 cloud_cb (const sensor_msgs::PointCloud2ConstPtr& cloud_msg)
13 {
14 // Container for original & filtered data
15 pcl::PCLPointCloud2* cloud = new pcl::PCLPointCloud2;
16 pcl::PCLPointCloud2ConstPtr cloudPtr(cloud);
17 pcl::PCLPointCloud2 cloud_filtered;
18
19 // Convert to PCL data type
20 pcl_conversions::toPCL(*cloud_msg, *cloud);
21
22 // Perform the actual filtering
23 pcl::VoxelGrid<pcl::PCLPointCloud2> sor;
24 sor.setInputCloud (cloudPtr);
25 sor.setLeafSize (0.01f, 0.01f, 0.01f);
26 sor.filter (cloud_filtered);
27
28 // Convert to ROS data type
29 sensor_msgs::PointCloud2 output;
30 pcl_conversions::fromPCL(cloud_filtered,output);
31
32 // Publish the data
33 pub.publish (output);
```

```
34 }
35
36 int
37 main (int argc, char** argv)
38 {
39 // Initialize ROS
40 ros::init (argc, argv, "my_pcl_tutorial");
41 ros::NodeHandle nh;
42
43 // Create a ROS subscriber for the input point cloud
44 ros::Subscriber sub = nh.subscribe ("input", 1, cloud_cb);
45
46 // Create a ROS publisher for the output point cloud
47 pub = nh.advertise<sensor_msgs::PointCloud2> ("output", 1);
48
49 // Spin
50 ros::spin ();
51 }
```

对点云进行滤波的工作都在 void_cb()函数内完成，当消息到达时该函数被回调，在该函数中一个 VoxelGrid 类的 sor变量，体素栅格叶的大小在 sor.setLeafSize() 中进行调整，该函数内的值可以改变用于滤波的栅格的大小，如果增大值的大小，会得到点云中更小的分辨率以及更少的点。

(3) 声明可执行文件在已经创建好的 my_pcl_tutorial功能包中编辑 CMakeLists.txt文件，添加：

```
add_executable(example src/example.cpp)
target_link_libraries(example ${catkin_LIBRARIES})
```

(4) 编译工作区 CMakeLists.txt文件编辑好后就可以编译 catkin_make，该命令必须从工作区目录运行。

(5) 可视化编译通过后运行：

```
roscore
roslaunch openni_launch openni.launch
cd workspace
source devel/setup.bash
rosrun my_pcl_tutorial example input:=/camera/depth/points
rosrun rviz rviz
```

在 RViz 窗口中添加 PointCloud2显示类型，在 Fixed Frame 一栏中选择 camera_depth_frame，在 PointCloud2主题中选择 output，会在 RViz 窗口中看到一

个新的点云数据，如图 5.13 所示。

作为对比，可以将 `PointCloud2`的主题切换为/camera/depth/points，可以注意到分辨率，即点云的密集程度，在经过滤波之后减少了许多，原始的点云数据如图 5.14 所示。原始点云数据点的个数为 307200，滤波之后点的个数为 89786。

图 5.13 滤波后的点云数据

图 5.14 滤波前的点云数据

第 6 章　导航定位

6.1　SLAM

SLAM (Simultaneous Localization And Mapping)，即同时定位与建图[34–45]，该问题指的是：当我们把移动机器人放置在一个未知的环境中，机器人搭载特定传感器，在环境中建立起与环境相一致的地图，并同时判断自身在地图中的位置。SLAM 的实现意味着移动机器人实现了真正的自治化。由于对自身的定位和对周围环境进行感知是无人平台实现自主化运动、执行所担负的使命任务的基础，因此 SLAM 被认为是实现无人系统真正自主的关键，被称为机器人自主化的“圣杯”。

SLAM 的实现是近几十年来移动机器人技术的重大进展之一，它被建模成各种形式的理论问题并加以解决。SLAM 应用在从室内到室外、水下到空中等各种领域。如果单从理论与概念的角度来看，SLAM 可以认为是一个已经被基本解决的问题。

1986 年，Randall C. Smith 和 Peter Cheeseman 在其论文[46] 中以滤波形式来表示 SLAM 问题。随后，基于卡尔曼滤波、粒子滤波和基于图论的优化方法逐渐成为主流方法。

6.1.1　SLAM 问题的概率模型

SLAM 是一个移动机器人建立地图并同时推断自身位置的过程。在这个过程中，移动轨迹与所有路标点的位置都是实时估计的，不需要任何与位置有关的先验知识。

如图 6.1 所示，设想一个机器人正在某个环境中移动，它通过传感器观察一系列路标点与自身的相对位置。在 k 时刻作以下定义：

- x_k: 机器人的状态向量。
- u_k: k 时刻的控制向量。
- m_i: 第 i 个路标点的真实位置。
- z_{ik}: k 时刻第 i 个路标点的观测位置。当不关心某个特定的路标点时，用 z_k 表示 k 时刻的所有观察结果。

进一步的：

- $X_{0:k} = \{x_0, x_1, \cdots, x_k\} = \{X_{0:k-1}, x_k\}$: 状态向量随时间变化的序列。

- $U_{0:k} = \{u_1, u_2, \cdots, u_k\} = \{U_{0:k-1}, u_k\}$: 控制向量随时间变化的序列。
- $m = \{m_1, m_2, \cdots, m_n\}$: 所有路标点的位置。
- $Z_{0:k} = \{z_1, z_2, \cdots, z_k\} = \{Z_{0:k-1}, z_k\}$: 不同时刻所有路标点的观测结果。

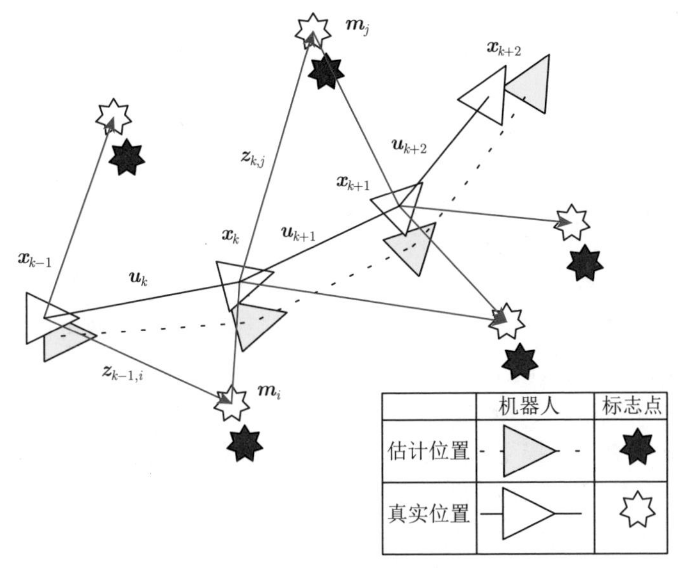

图 6.1 SLAM 问题

SLAM 要求在各时刻计算概率分布:

$$P(x_k, m|Z_{0:k}, U_{0:k}, x_0)$$

该概率通过已记录的各时刻的路标点观测结果、控制输入以及初值状态，描述路标点与机器人状态在 k 时刻的联合后验密度。通常，该问题可以通过递归的方法求解。以 $k-1$ 时刻的概率分布 $P(x_{k-1}, m|Z_{0:k-1}, U_{0:k-1})$ 为基础，结合 k 时刻的观测结果和控制向量，通过贝叶斯定理计算求解。该计算需要一个状态转移模型与一个观测模型，分别描述控制向量与观测结果的作用。

观测模型通常表述为 $P(z_k|x_k, m)$。它描述了在机器人位置、路标点位置已知的前提下，观测结果为 z_k 的概率。运动模型表述为 $P(x_k|x_{k-1}, u_k)$。这意味着状态转移是一个马尔可夫链，k 时刻的状态只与 $k-1$ 时刻的状态以及控制向量 u_k 有关，独立于观测结果和地图。

至此，SLAM 算法可以描述为一个两步的递归预测校正算法:

(1) 预测:

$$P(x_k, m|Z_{0:k-1}, U_{0:k}, x_0)$$

$$= \int P(x_k|x_{k-1}, u_k)$$

$$\times P(x_{k-1}, m|Z_{0:k-1}, U_{0:k-1}, x_0)\,\mathrm{d}x_{k-1}$$

(2) 校正：

$$P(x_k, m|Z_{0:k}, U_{0:k}, x_0)$$

$$= \frac{P(z_k|x_k, m)P(x_k, m|Z_{0:k-1}, U_{0:k}, x_0)}{P(z_k|Z_{0:k-1}, U_{0:k})}$$

上述两个过程根据所有观测结果 $Z_{0:k}$、控制向量 $U_{0:k}$ 计算 k 时刻的机器人状态向量 x_k、地图 m 的联合后验概率 $P(x_k, m|Z_{0:k}, U_{0:k}, x_0)$。递归过程是运动模型和观测模型的函数。

如果机器人在 k 时刻的位置 x_k 已知或已解得，建图问题可视为计算概率条件密度 $P(m|X_{0:k}, Z_{0:k}, U_{0:k})$。相反，路标点的位置已知时，定位问题可视为计算概率分布 $P(x_k|Z_{0:k}, U_{0:k}, m)$。

简洁起见，本节在描述一些位置、路标点的联合概率时不再包含比时刻 $k-1$ 更早的条件，如 $P(x_k, m|Z_{0:k}, U_{0:k}, x_0)$ 写作 $P(x_k, m|z_k)$，语境允许时也写作 $P(x_k, m)$。

如图 6.1 所示，路标点位置的估计值与真实值之间存在大量误差，这些误差的源头是机器人位置信息的误差。这说明路标点位置的估计误差是高度相关的，意味着即使路标点的绝对位置非常不准确，它们的相对位置，如 $m_i - m_j$，仍拥有较高的精度。从概率角度看，这意味着即使边际密度 $P(m_i)$ 相当分散，路标点的联合概率密度 $P(m_i, m_j)$ 仍有着明显的峰值。

事实上，随着观测次数的上升，路标点位置估计的相关程度是单调上升的。无论机器人如何运动，路标点相对位置的信息总是随着观测次数的增多愈发准确。从概率角度看，所有路标点的联合概率密度有着愈来愈明显的峰值。

如图 6.1，机器人在点 x_k 处观测到两个路标点 m_i、m_j。它们的相对位置显然独立于机器人坐标系，当机器人移动到点 x_{k+1} 并再次观测路标点 m_j 时，机器人与路标点的位置都可以得到更新，正是因为相对位置的独立性，这一更新还可以追溯到该时刻并没有观测的路标点 m_i。同样在 x_{k+1} 点，机器人观测到两个新的与 m_j 相关的路标点。这些新出现的路标点可以立即与已知的地图相关联，随后对它们的更新也可以追溯回 m_j 以及 m_i。因此，所有路标点最终形成了一个相互关联的网络，它们的精度随着观测次数增加而增加，路标点数量随观测次数增加而增加。

图 6.2 以条带表示点与点之间的相关性。当机器人在环境中来回运动，这些条带变得越来越粗并影响整个网络。在极限情况下，一个刚性的路标点网络，或

者说一个准确的相对位置的地图就被建立出来。一旦地图完成，机器人的定位精度将只受到地图质量与传感器精度的影响。在理论的极限情况下，机器人的定位精度将等于在一个准确的已知地图中进行定位的精度。

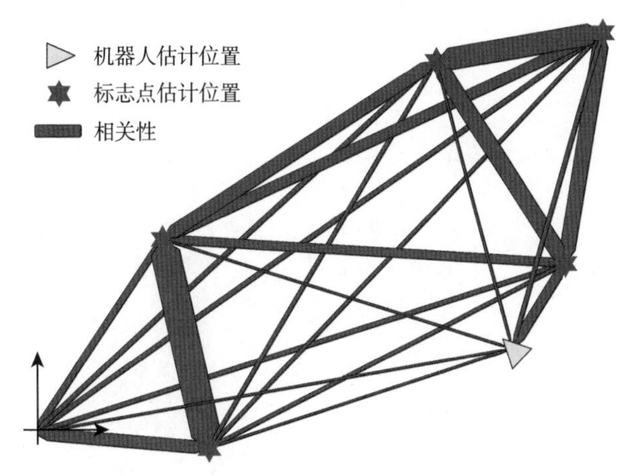

图 6.2 SLAM 过程中的相关性

6.1.2 EKF SLAM 方法

要求解 SLAM 问题需要合适的运动模型与观测模型，其模型应使预测、校正过程可以得到有效、一致的运算。目前附加高斯噪声模型的状态空间是最常用的表达方式，相应的，扩展卡尔曼滤波 (Extended Kalman Filter，EKF) 被用于求解 SLAM 问题。

EKF SLAM 方法中运动模型和观测模型分别表示为:

1. 运动模型

$$P(x_k|x_{k-1},u_k)\Longleftrightarrow x_k=f(x_{k-1},u_k)+w_k$$

其中，$f(\cdot)$ 是机器人的动力学模型，w_k 是附加项，表示均值为 0，方差为 Q_k 的高斯分布噪声。

2. 观测模型

$$P(z_k|x_k,m)\Longleftrightarrow z_k=h(x_k,m)+v_k$$

其中，$h(\cdot)$ 由观测物之间及与机器人之间的几何关系建立，v_k 是附加项，表示均值为 0，方差为 R_k 的高斯分布噪声。

基于这些定义,EKF 方法可用于计算联合后验概率分布 $P(x_k, m|Z_{0:k}, U_{0:k}, x_0)$ 的均值与方差：

$$\begin{bmatrix} \hat{x}_{k|k} \\ \hat{m}_k \end{bmatrix} = E\begin{bmatrix} x_k \\ m \end{bmatrix} |Z_{0:k}\end{bmatrix}$$

$$\begin{aligned} P_{k|k} &= \begin{bmatrix} P_{xx} & P_{xm} \\ P_{xm}^T & P_{mm} \end{bmatrix}_{k|k} \\ &= E\left[\begin{pmatrix} x_k - \hat{x}_k \\ m - \hat{m}_k \end{pmatrix}\begin{pmatrix} x_k - \hat{x}_k \\ m - \hat{m}_k \end{pmatrix}^\top |Z_{0:k}\right] \end{aligned}$$

这一结果来自于上述的递归运算。

3. 预测

$$\hat{x}_{k|k-1} = f\left(\hat{x}_{k-1|k-1}, u_k\right)$$

$$P_{xx,k|k-1} = \nabla f P_{xx,k-1|k-1} \nabla f^\top + Q_k$$

其中，∇f 是函数 f 在估计点 $\hat{x}_{k|k-1}$ 处的雅克比矩阵。

4. 校正

$$\begin{bmatrix} \hat{x}_{k|k} \\ \hat{m}_k \end{bmatrix} = \begin{bmatrix} \hat{x}_{k|k-1} \\ \hat{m}_{k-1} \end{bmatrix} + W_k\left[z_k - h\left(\hat{x}_{k|k-1}, \hat{m}_{k-1}\right)\right]$$

$$P_{k|k} = P_{k|k-1} - W_k S_k W_k^\top$$

其中：

$$S_k = \nabla h P_{k|k-1} \nabla h^\top + R_k$$

$$W_k = P_{k|k-1} \nabla h^\top S_k^{-1}$$

∇h 是函数 h 在点 $\hat{x}_{k|k-1}$ 与 $\hat{m}_{k-1}$ 处的雅克比矩阵。

上述 EKF SLAM 方法在理论上给出了求解 SLAM 问题的基本思路，但是也有一些问题尚未解决。基于这些问题，随后有很多相关的 SLAM 算法被开发出来。这里列举其中四个关键问题。

(1) 收敛问题。在 EKF SLAM 中，地图的建立过程是否收敛是根据协方差矩阵 $P_{mm,k}$ 及其中所有路标点对的子矩阵是否单调收敛来判断的。各个路标点方差收敛到一个由机器人位置与观测结果初始不确定程度所决定的较低的范围内。图 6.3 展示了一个路标点位置方差收敛的典型过程。

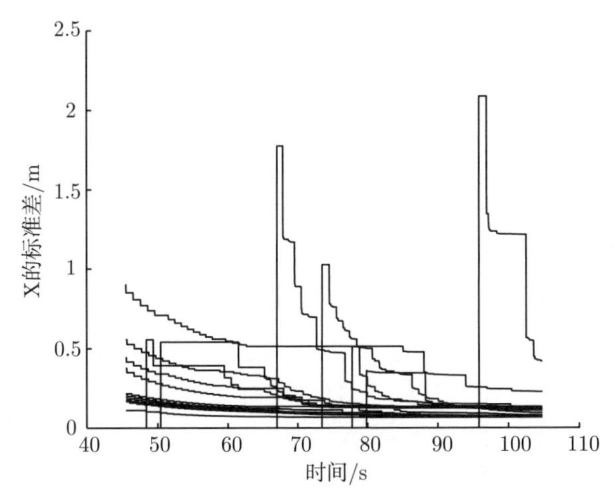

图 6.3 SLAM 的收敛过程

(2) 计算量问题。矫正过程中，每一次观测都会更新所有路标点以及它们之间的联合方差。简单来说，这意味着计算量随路标点数目增长而增加。已经有大量的研究致力于提高 EKF SLAM 的运行效率，并且许多方法能够处理数千个路标点。

(3) 识别问题。不正确的路标点识别对标准形式的 EKF SLAM 方法影响巨大。当机器人进行了相当长的一段行进又回到初始点时，正确地识别旧路标点尤为困难。如果路标点从不同角度观察所呈现的样子也不同，问题就变得更加复杂。

(4) 非线性问题。EKF SLAM 线性化了非线性的运动、观测模型，这是一个不可避免且非常重要的问题，它可能导致夸张的、不一致的结果。并且，EKF SLAM 的收敛性与一致性也只能在线性假设下成立。

6.1.3 Particle Filters SLAM 方法

EKF SLAM 方法基于离散情况考虑整个系统的各个状态，而基于粒子滤波的 SLAM 方法则基于递归贝叶斯滤波 (Bayes Filter) 来构建求解框架。

递归贝叶斯滤波 Bayes Filter 公式推导如下：

$$\begin{aligned}\mathrm{belt}(x_t) &= p(x_t|z_{1:t}, u_{1:t}) \\ &= \eta \cdot p(z_t|x_t, z_{1:t-1}, u_{1:t}) \cdot p(x_t|z_{1:t-1}, u_{1:t}) \\ &= \eta \cdot p(z_t|x_t) \cdot p(x_t|z_{1:t-1}, u_{1:t})\end{aligned}$$

$$
\begin{aligned}
&= \eta \cdot p(z_t|x_t) \cdot \int p(x_t|x_{t-1}, z_{1:t-1}, u_{1:t}) \cdot p(x_{t-1}|z_{1:t-1}, u_{1:t})\mathrm{d}x_{t-1} \\
&= \eta \cdot p(z_t|x_t) \cdot \int p(x_t|x_{t-1}, u_t) \cdot p(x_{t-1}|z_{1:t-1}, u_{1:t})\mathrm{d}x_{t-1} \\
&= \eta \cdot p(z_t|x_t) \cdot \int p(x_t|x_{t-1}, u_t) \cdot p(x_{t-1}|z_{1:t-1}, u_{1:t-1})\mathrm{d}x_{t-1} \\
&= \eta \cdot p(z_t|x_t) \cdot \int p(x_t|x_{t-1}, u_t) \cdot belt(x_{t-1})\mathrm{d}x_{t-1}
\end{aligned} \tag{6.1}
$$

其中第一个等号是要求解的概率的定义公式，第二个等号则基于贝叶斯公式得到。第三个等号表示当前时刻 t 的状态 x_t 下的观测点与前面时刻的变量及控制变量无关。第四个等号是基于全概率公式将 $p(x_t|z_{1:t-1}, u_{1:t})$ 展开为一个关于 x_{t-1} 的积分。第五个等号是基于马尔可夫条件，当前时刻 t 的状态 x_t 只与前一个时刻 $t-1$ 的状态 x_{t-1} 有关。第六个等号则是基于关于 x_{t-1} 的积分与 u_t 无关。最后一步得到我们想要的递推公式，也即：

$$
\mathrm{belt}(x_t) = \eta \cdot p(z_t|x_t) \cdot \int p(x_t|x_{t-1}, u_t) \cdot belt(x_{t-1})\mathrm{d}x_{t-1} \tag{6.2}
$$

基于上述递推公式，我们可以得到递归贝叶斯滤波框架。基于递归贝叶斯滤波框架，研究人员开发出了基于粒子滤波方法的 SLAM 算法。其算法伪代码如算法 6.1 所示。

(1) 预测：计算时刻 t 的预测置信：

$$
\overline{\mathrm{belt}}(x_t) = \int p(x_t|x_{t-1}, u_t) \cdot \mathrm{belt}(x_{t-1})\mathrm{d}x_{t-1}
$$

(2) 校正：考虑观测数据之后，校正预测置信：

$$
\mathrm{belt}(x_t) = \eta \cdot p(z_t|x_t) \cdot \overline{\mathrm{belt}}(x_t)
$$

算法 6.1　贝叶斯滤波 (Bayes Filter)

1. 输入: $x_t, u_t, \mathrm{belt}(x_{t-1})$
2. for x_t do
   - $\overline{\mathrm{belt}}(x_t) = \int p(x_t|x_{t-1}, u_t) \cdot \mathrm{belt}(x_{t-1})\mathrm{d}x_{t-1}$
   - $\mathrm{belt}(x_t) = \eta \cdot p(z_t|x_t) \cdot \overline{\mathrm{belt}}(x_t)$
3. end
4. 返回 $\mathrm{belt}(x_t)$

基于蒙特卡洛 (Monte Carlo) 思想，以某事件出现的频率来指代该事件的概率。在粒子滤波算法滤波过程中，需要用到概率的地方，一概对变量采样，以大量采样及其相应的权值来近似表示概率密度函数。因此，其核心思想可以归结为利用一系列随机样本的加权和近似后验概率密度函数，通过求和来近似积分操作。最常见的粒子滤波算法为采样重要性重采样 (Samping Importance Resampling, SIR) 滤波器。该算法核心步骤有以下四步。

(1) 预测：首先根据状态转移函数预测生成大量采样，这些样本称为粒子，利用这些粒子的加权和来逼近后验概率密度。

(2) 校正：根据观测值，为每个粒子计算重要性权值。该权值代表了预测的位姿取第 i 个粒子时获得观测的概率。如此这般下来，对所有粒子都进行这样一个评价，越有可能获得观测的粒子，获得的权重越高。

(3) 重采样：由于近似逼近连续分布的粒子数量有限，为了防止平凡化，根据权值的比例重新分布采样粒子。下一轮滤波中，再将重采样过后的粒子集输入到状态转移方程中，即可得到新的预测粒子。

(4) 地图估计：对于每个采样的粒子，通过其采样的轨迹与观测计算出相应的地图估计。

SIR 算法需要在新的观测值到达时从头评估粒子的权重。随着时间的推移，计算复杂度会越来越高。因此还可以通过限制重要性概率密度函数来获得递归公式去计算重要性权值。

6.1.4 基于图论的 SLAM 方法

在 SLAM 研究早期，人们认为如果所有的路标点和所有的机器人状态都有连接，那么状态矩阵的规模将非常巨大，导致问题无法求解。但后来经过大量实验发现，机器人的每个状态只与当前状态附近的几个路标点有关系，因此状态矩阵虽然维数很大，但是是稀疏的 (即状态矩阵中有大量的 0 元素)，因此可以借用处理稀疏矩阵的方法来求解 SLAM 问题。基于图论的 SLAM 方法[47,48] 的模型不像贝叶斯滤波或者卡尔曼滤波方法仅考虑最近的两个状态，进行局部优化，而是对之前的所有状态一起做优化，相当于对机器人从一开始运动到当前的状态做了一个全局优化。

如图 6.4 和图 6.5 所示，基于图论的 SLAM 方法中，先将机器人状态、控制序列、观测点，标记为一个个顶点。连接这些顶点的边代表了它们之间的约束 (如图 6.6 所示)，即运动方程和观测方程。因此，求解概率最大 $P(x_{0:T}, m|z_{1:T}, u_{1:T})$ 问题转变为一个图论中的优化问题。

在基于图论的 SLAM 方法中，基本整个框架可以分为前端 (Front End) 和后端 (Back End) 两个模块。前端模块主要用于构建图的模型，后端模块主要用于优化求解。

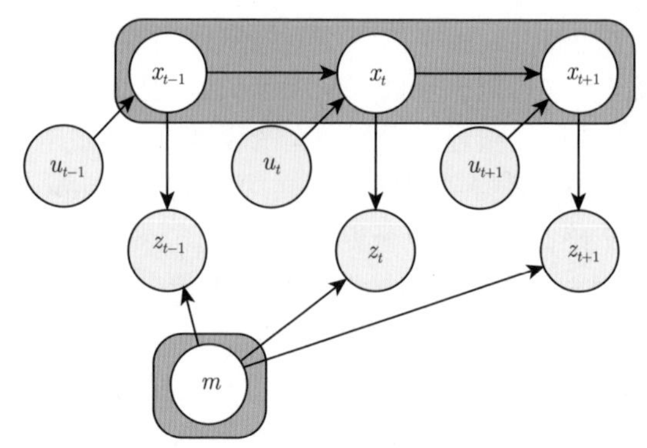

图 6.4 基于图论的完整 SLAM (full SLAM，计算全部位置和完整地图) [34,35]

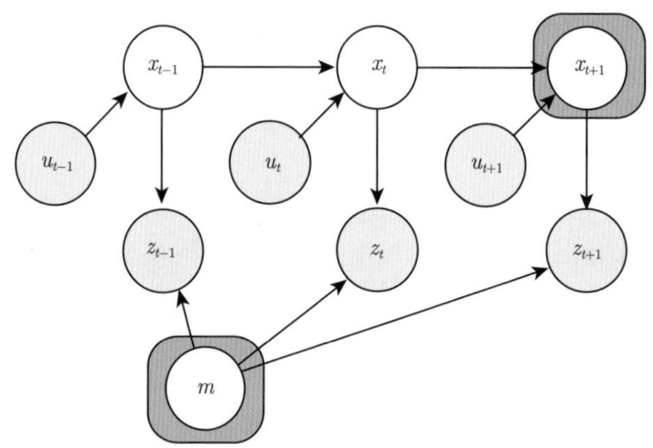

图 6.5 基于图论的在线 SLAM (online SLAM，计算 $t+1$ 时刻位置和地图) [34,35]

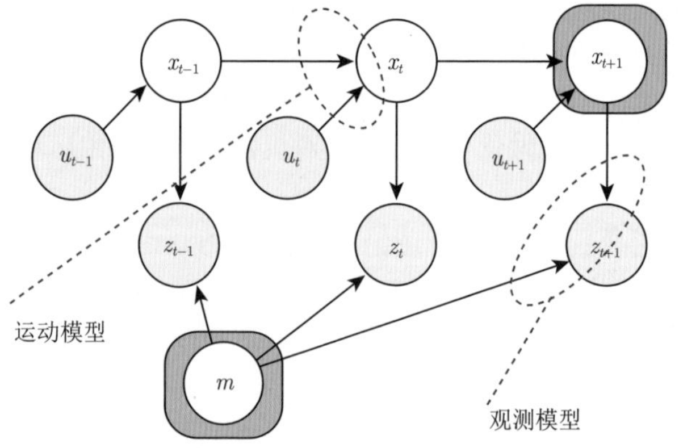

图 6.6 基于图论的 SLAM (运动模型和观测模型) [34,35]

6.1.5 地图表示方法

1. 栅格地图

栅格地图 (Grid Map) 或者称为 Occupancy Map。栅格地图就是把环境划分成一系列栅格，其中每一栅格给定一个可能值，表示该栅格被占据的概率。占据栅格地图是一种地图的描述方式，占据栅格地图 m 是把空间划分为有限多个栅格 m_i，栅格边长就是划分精度，每个栅格由栅格占用概率 P 以及坐标进行描述。占据栅格地图认为每个地图栅格是独立的，如果对每个单元格计算占用概率 $P(m_i|z_{0:k}, x_{0:k})$，则整个地图的概率描述为 $P(m|z_{0:k}, x_{0:k}) = \prod_i^n P(m_i|z_{0:k}, x_{0:k})$。一般来说，采用激光雷达、深度摄像头、超声波传感器等可以直接测量距离数据的传感器进行 SLAM 时，可以使用该地图。栅格地图是非参数模型，优点是不依赖于特征，缺点是地图越大占用资源 (内存) 越多。

如图 6.7，分别表示 4×4 栅格地图，黑色为被占用，白色为未占用。图 6.8 所示为四个栅格情况下的地图表示计算公式。图 6.9 和图 6.10 分别表示两种不同情况下最终生成的栅格地图。图 6.11 给出了基于 Cartographer 算法生成的栅格地图。

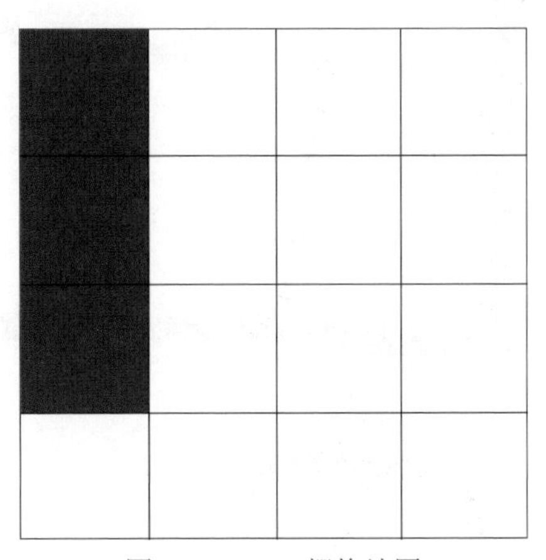

图 6.7 4 × 4 栅格地图

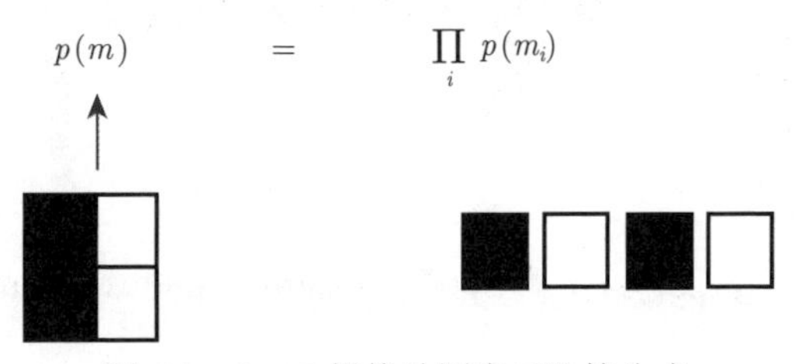

图 6.8 2 × 2 栅格地图表示计算公式

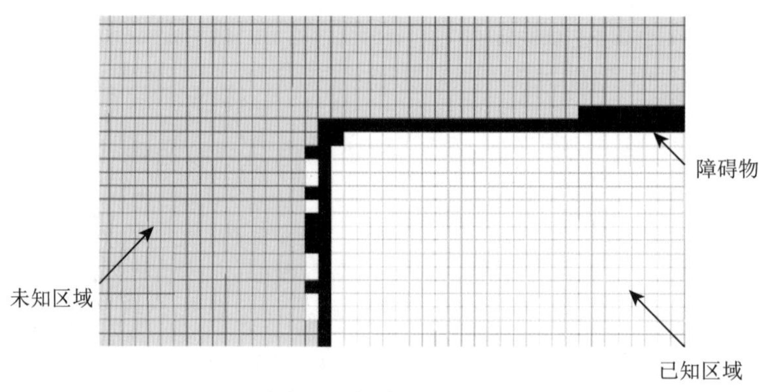

图 6.9　栅格地图图例

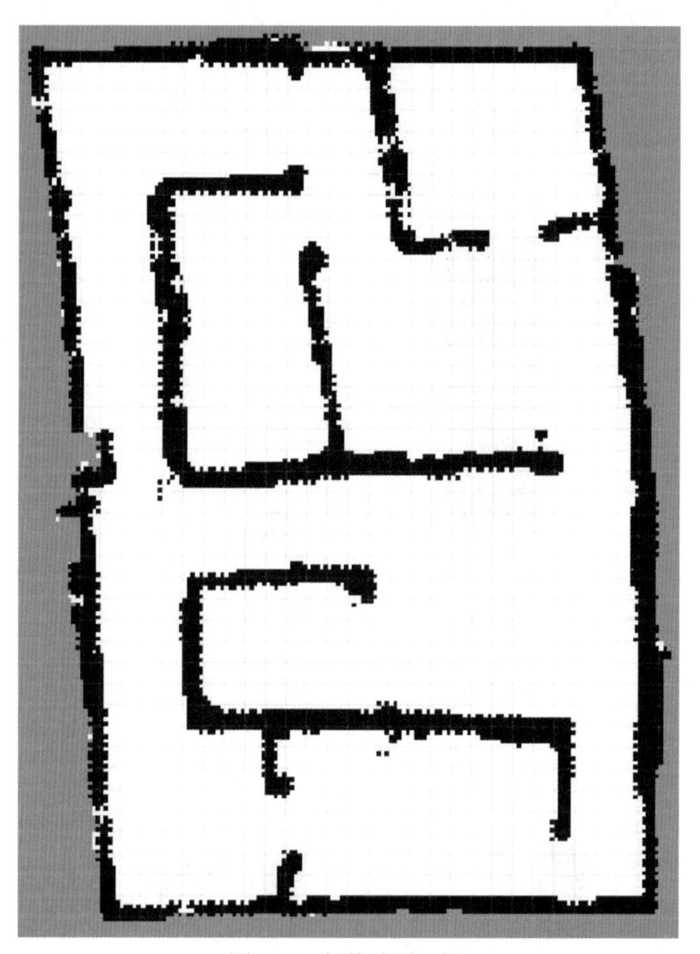

图 6.10　栅格地图示例

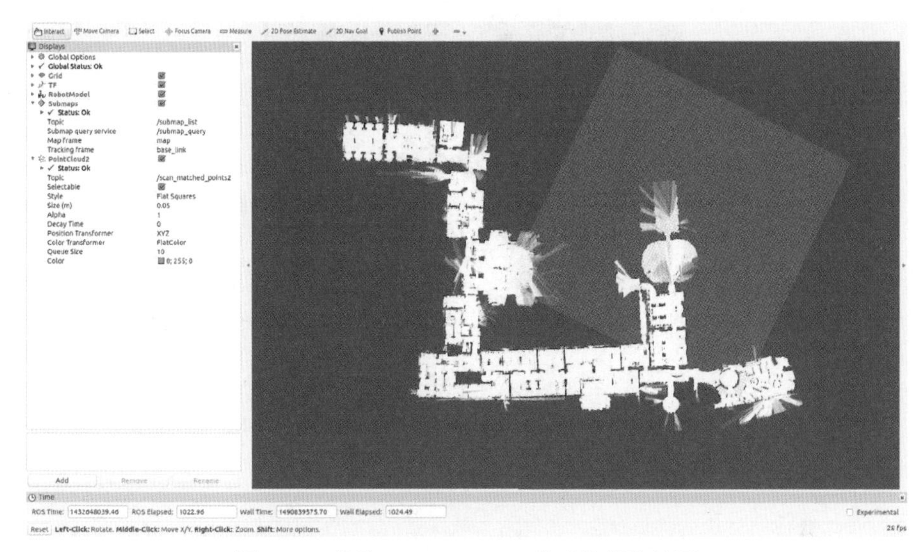

图 6.11　基于 Cartographer 生成的栅格地图

2. 特征地图

特征地图 (Feature Map)，也叫作特征点地图，是用有关的几何特征 (如点、直线、面) 表示环境，常见于视觉 SLAM (Visual SLAM, vSLAM) 技术中。相对于栅格地图，这种地图看起来就不那么直观了。它一般通过如 GPS (Global Position System)、UWB (Ultra Wide Band) 以及摄像头配合稀疏方式的 vSLAM 算法产生，优点是相对数据存储量和运算量比较小，多见于较早的 SLAM 算法中。图 6.12 和图 6.13 [34] 给出了特征地图表示的例子。

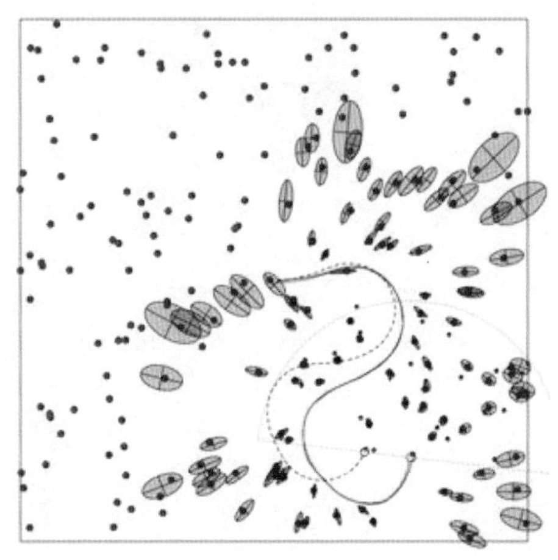

图 6.12　特征地图概率表示 (图中椭圆越大表示方差越大) [34,35]

图 6.13 特征地图[34,35]

3. 拓扑地图

拓扑地图 (Topology Map) 是一种相对更加抽象的地图形式，它把室内环境表示为带结点和相关连接线的拓扑结构图，其中结点表示环境中的重要位置点 (拐角、门、电梯、楼梯等)，边表示结点间的连接关系，如走廊等。拓扑地图只记录所在环境拓扑链接关系，一般是由前几类地图通过相关算法提取得到。

一般算法中建立的拓扑地图只反映了环境中的各点连接关系，并不能构建几何一致的地图。因此，这些拓扑算法不能被直接用于 SLAM 算法中。最常见的拓扑地图如公交线路图、地铁路线图等。扫地机器人要进行房间清扫的时候，也可以建立拓扑地图，以方便人们查看其运行路线。图 6.14 给出了一个在语义地图中使用拓扑地图的例子[49]。

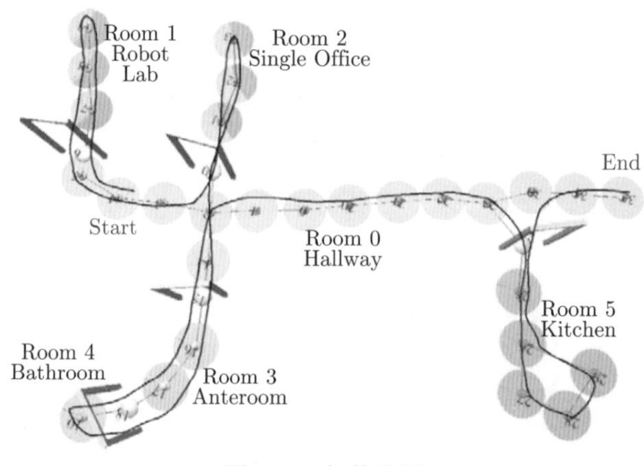

图 6.14 拓扑地图

6.1.6 基于 TurtleBot3 平台的仿真 SLAM 实验

TurtleBot3 是一个基于 ROS 的小型低成本完全可编程机器人平台。它提供了如底盘、计算机和传感器等的各种定制方式，大幅降低平台的尺寸和价格，而不会牺牲性能、功能和质量。图 6.15 给出了 TurtleBot3 三种不同型号的图例。

图 6.15 TurtleBot3

1. 安装 TurtleBot3 仿真功能包

我们使用 git 命令直接下载 TurtleBot3 仿真功能包：

```
cd ~/turtlebot3_ws/src/
git clone https://github.com/ROBOTIS-GIT/turtlebot3_simulations.git
cd ~/turtlebot3_ws
catkin_make
```

或者我们可以直接使用命令安装 TurtleBot3 仿真功能包：

```
sudo apt-get install ros-melodic-turtlebot*
```

或者

```
sudo apt-get install ros-melodic-turtlebot3 ros-melodic-turtlebot3-
    description
ros-melodic-turtlebot3-gazebo ros-melodic-turtlebot3-msgs
ros-melodic-turtlebot3-slam ros-melodic-turtlebot3-teleop
```

2. 启动 TurtleBot3 仿真

下述命令首先将 TurtleBot3 导入，然后启动仿真环境

```
export TURTLEBOT3_MODEL=burger
roslaunch turtlebot3_fake turtlebot3_fake.launch
```

TurtleBot3 仿真节点不依赖实体机器人，也可以在 RViz 里通过 teleop 节点进行控制。

```
roslaunch turtlebot3_teleop turtlebot3_teleop_key.launch
```

第一次使用 Gazebo 需要比较长的时间加载模型。用户也可以自己加载模型，第一次使用 TurtleBot3 的 Gazebo 仿真，需要把 TurtleBot3 的模型文件，复制到 Gazebo 的模型目录里

```
mkdir -p ~/.gazebo/models/
cp -r  ~/catkin_ws/src/turtlebot3_simulations/turtlebot3_gazebo/
    worlds/turtlebot3 ~/.gazebo/models/
```

设置模型参数，指定使用那种机器人型号： burger 或者 waffle。

```
export TURTLEBOT3_MODEL=burger
```

启动世界地图,默认的空白地图环境中加载 TurtleBot3 机器人,效果如图 6.16 所示。

```
roslaunch turtlebot3_gazebo turtlebot3_empty_world.launch
```

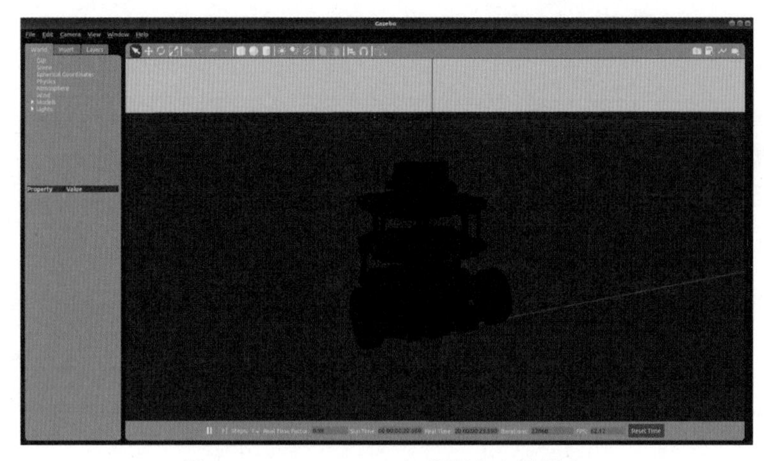

图 6.16　TurtleBot3 加载到空白地图中

启动之后，TurtleBot3 在 RViz 中效果如图 6.17 所示。启动远程键盘控制效果如图 6.18 所示。

TurtleBot3 支持 gmapping、cartographer、hector、karto、frontier_exploration、ROS Melodic 版本官方的软件源里只有 karto 可以用。下面我们用 karto 进行测试。首先安装 karto 相关功能包。

```
sudo apt-get install ros-melodic-slam-karto
```

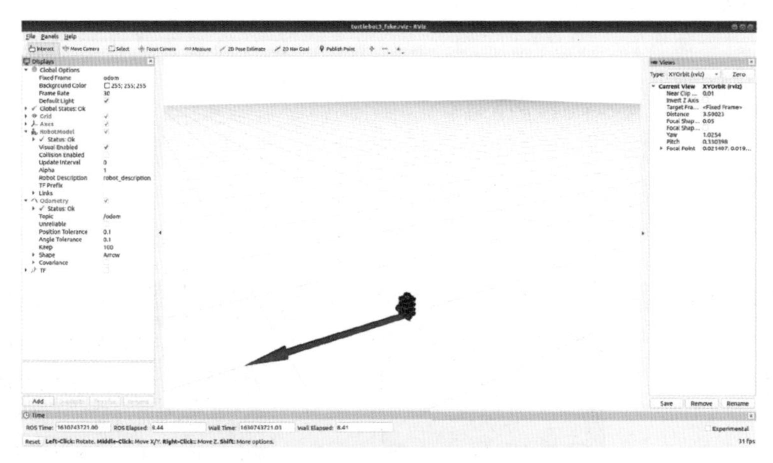

图 6.17 TurtleBot3 加载到 RViz 中

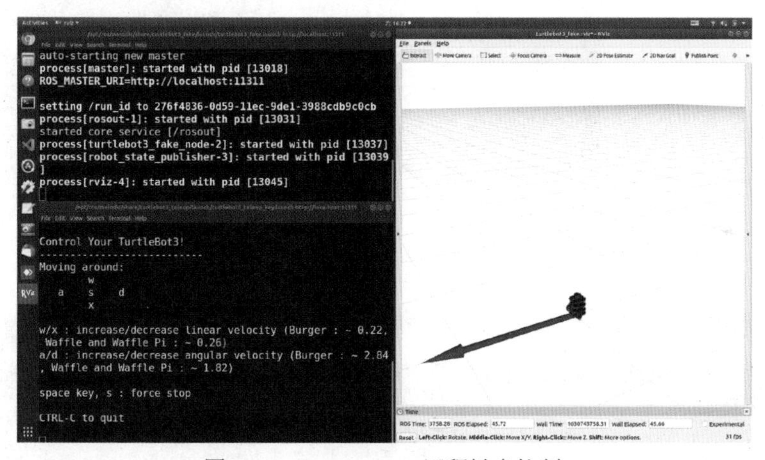

图 6.18 TurtleBot3 远程键盘控制

然后开始 SLAM 。每个新终端都要设置环境变量，这里可以是 burger、waffle、waffle_pi。建图时要切换到这个键盘控制终端，用键盘控制 TurtleBot3 运动。SLAM 过程如图 6.19 和图 6.20 所示。

```
export TURTLEBOT3_MODEL=burger
roslaunch turtlebot3_gazebo turtlebot3_house.launch
roslaunch turtlebot3_teleop turtlebot3_teleop_key.launch
roslaunch turtlebot3_slam turtlebot3_slam.launch slam_methods:=karto
```

SLAM 完成之后，可以用下面命令将地图保存下来：

```
mkdir -p ~/housemap
rosrun map_server map_saver -f ~/housemap/housemap
```

SLAM 完成之后，就有了地图，机器人可根据这个地图实现导航功能。利用刚才构建的地图进行 TurtleBot3 的自主导航仿真实验：

```
roslaunch turtlebot3_gazebo turtlebot3_house.launch
roslaunch turtlebot3_navigation turtlebot3_navigation.launch
   map_file:=/home/zhang/housemap/housemap.yaml
```

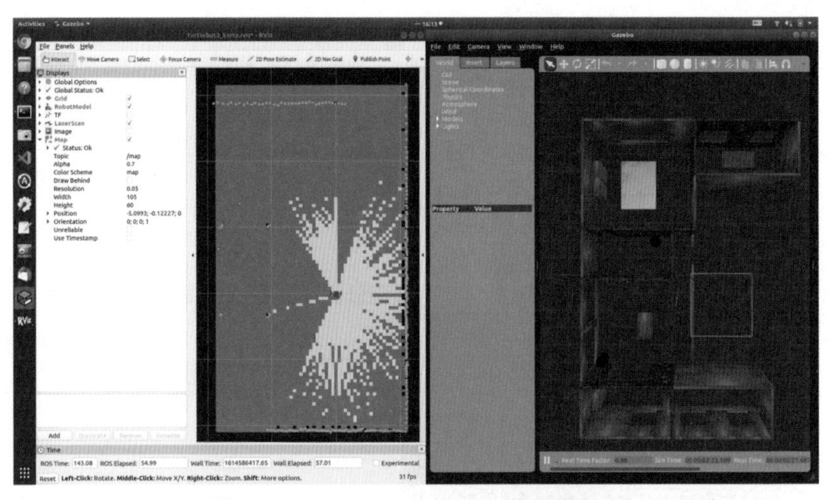

图 6.19　TurtleBot3 SLAM 过程截图 1

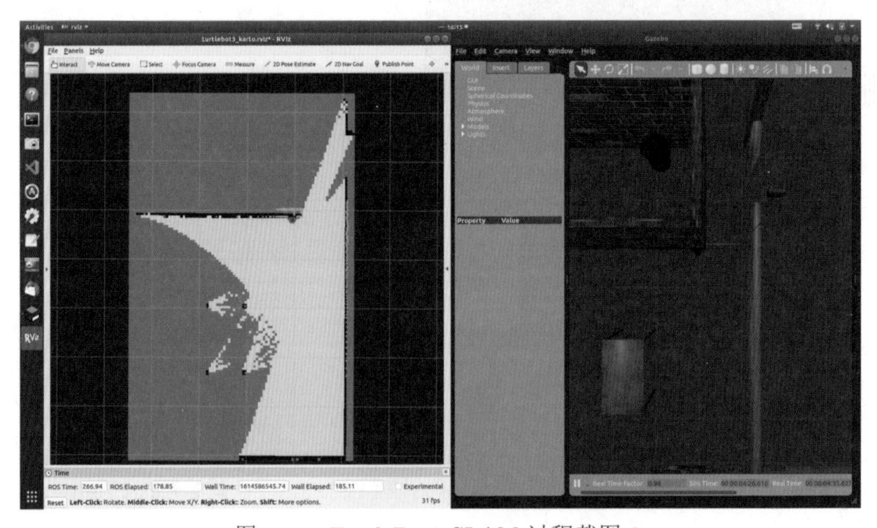

图 6.20　TurtleBot3 SLAM 过程截图 2

6.1.7 基于 TurtleBot2 平台的真实 SLAM 实验

本节将说明如何以移动机器人 TurtleBot2 为平台，使用 ROS 中的 gmapping 功能包进行 SLAM 实验。以下实验均在 ROS Melodic 版本下运行。

1. *准备工作*

打开一个终端，运行以下命令以安装 TurtleBot2 相关功能包：

```
sudo apt-get install ros-melodic-turtlebot-*
```

TurtleBot2 的相关程序默认按 Kobuki 底座进行配置。Kobuki 需要转换一个 udev 规则使得它可以有效地检测到 FTDIusb 芯片，允许其由 /dev/kobuki 读取信息，而不是相对不可靠的/dev/ttyUSBx 设备。运行以下命令以应用 udev 规则：

```
./opt/ros/melodic/setup.bash
rosrun kobuki_ftdi create_udev_rules
```

在安装中，或在随后的运行中遇到问题，可以尝试更新所有功能包。

```
sudo apt-get update
```

2. *启动* TurtleBot2

将笔记本放置在 TurtleBot2 平台上，连接 USB 线。打开机器人底座的电源开关，它在底座的左手边位置，打开时会亮起 LED 灯并发出声音。

第一次运行时，将 setup.bash 添加到源：

```
echo "source /opt/ros/melodic/setup.bash" >> ~/.bashrc
```

启动命令：

```
roslaunch turtlebot_bringup minimal.launch --screen
```

启动成功时，TurtleBot2 会发出升调的声音。终端中应能看到如下消息：

```
[INFO] [1471065374.824042266]:Zeroconf:service successfully
   established [turtlebot][_ros-master._tcp][11311]
```

任何需要在 TurtleBot2 平台上运行的实验都应进行这一步骤并保留终端直到实验完毕。

3. *键盘控制*

启动 TurtleBot2，打开一个新的终端，并输入命令：

```
roslaunch turtlebot_teleop keyboard_teleop.launch --screen
```

运行成功后应能看到如下信息。

```
ROS_MASTER_URI=http://localhost:11311

setting /run_id to 7fc57a6e-61d3-11e6-a073-6427376d8424
process[rosout-1]:started with pid [22876]
started core service [/rosout]
process[turtlebot_teleop_keyboard-2]:started with pid [22879]

Control Your Turtlrbot!
-------------------------------
Moving around:
   u  i  o
   j  k  l
   m  ,  .
q/z : increase/decrease max speeds by 10%
w/x : increase/decrease only linear speed by 10%
```

使用以按键 k 为中心的八个按键控制机器人的移动方向，按键 q/z 用于增加/减少机器人的移动速度，按键 w/x 用于改变线速度，按键 e/c 用于改变角速度。按键 k 用于立即停止机器人的运动，其他任意按键将缓慢停止机器人运动。

需要控制 TurtleBot2 时，该终端应处于激活状态。

4. Kinect

安装相关功能包：

```
sudo apt-get install ros-melodic-openni-* ros-melodic-openni2-* ros-
    melodic-freenect-*
```

在将 setup.bash 添加到源之前，设置如下变量：

```
export TURTLEBOT_3D_SENSOR=kinect
```

也可以将这句话添加到/.bashrc 中。

5. 模拟激光传感器

要使用 gmapping 包进行建图，机器人需要至少一个激光传感器或深度相机来提供障碍物的探测信息。本节将使用深度相机 Kinect 模拟激光传感器，探测前方一定角度内同水平高度的障碍物。

在参数文件 config/turtlebot/costmap_common_params.yaml 中，应能看到如下两行文字：

```
observation_sources: scan
scan: {data_type: LaserScan, topic: /scan, marking: true, clearing:
    true, expected_update_rate: 0}
```

第一行文字说明，移动机器人底座应从名为 scan 的源中获取传感信息。第二行文字说明，scan 将信息发布到话题/scan，并且信息的格式类型为 LaserScan。making 与 clearing 为真说明激光扫描数据可以用来把局部地图上的区域标记为占据或空白状态。expected_update_rate 决定了扫描数据读取时刻的时间间隔。该值为 0 时，允许两次读取时刻的间隔无限长，这也意味着允许在没有扫描数据的情况下进行导航。然而，如果确实使用了而一个激光传感器或者像本节介绍的这样有一个模拟的激光传感器，该值应该为正数。例如，设置为 0.3 时，机器人就每 0.3 秒查询一次扫描数据。当激光传感器停止工作时，机器人也会随之停止导航。

将 Kinect 通过 USB 线连接放置在 TurtleBot2 上的笔记本电脑，并输入如下命令以启动相应的驱动程序：

```
roslaunch freenect_launch freenect-registered-xyzrgb.launch
```

启动成功后，输入如下命令：

```
roslaunch rbx1_bringup depthimage_to_laserscan.launch
```

该启动文件配置节点 depthimage_to_laserscan，使其订阅 Kinect 发布的深度信息 /camera/depth_registered/image_rect，提取其中的一条水平线，模拟激光扫描仪的探测功能并将结果发布在话题/scan 中。

运行如下命令以启动 TurtleBot 并附上一张空白地图：

```
roslaunch rbx1_nav tb_move_base_blank_map.launch
```

打开 RViz，并附上一些设置后缀：

```
rosrun rviz rviz -d `rospack find rbx1_nav`/nav_obstacles.rviz
```

如果 RViz 已经被打开，则需要先关闭它。点击左侧的 Add 按钮，并添加一个 LaserScan。在 Topic 选项中选择 /scan。在 Global Options 的 Fixed Frame 中选择 camera_depth_frame 或其他合适的坐标系。设置结果如图 6.21。

此时应能在 Rviz 中央显示区域看到模拟激光扫描仪产生的信息，如图 6.22 所示。可以看出，机器人探测到的方形物体与实际情况相符。如果你无法看到类似的图像，点击 Topic 选项，观察扫描仪是否确实发布了信息，并在终端中检查信息是否有效。

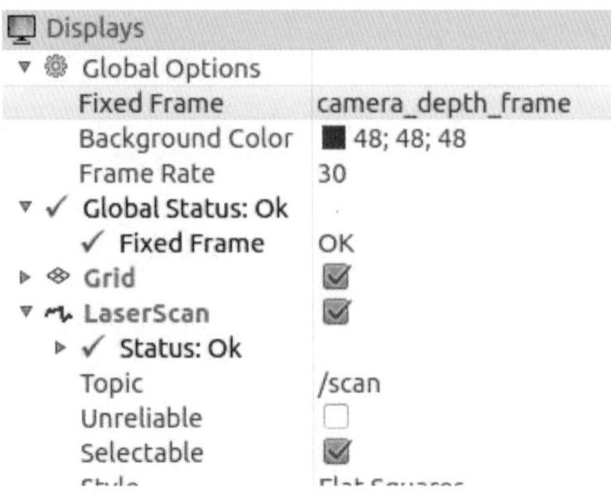

图 6.21　RViz 设置方法

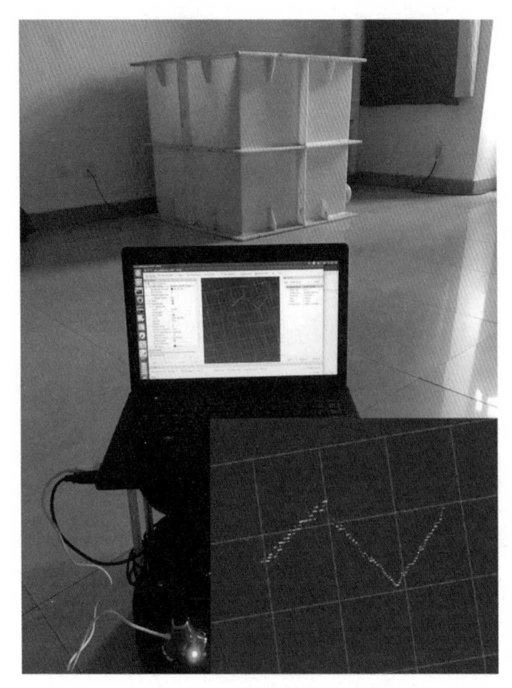

图 6.22　扫描效果示例

6. 同时定位与建图

先启动 TurtleBot2 与键盘控制程序，再打开新的终端，输入如下命令以运行 gmapping_demo：

```
roslaunch turtlebot_navigation gmapping_demo.launch
```

可以输入一些附加参数来修改建图过程，下面这些参数可能会显著影响建图效果：

- map_update_interval: 5.0 -地图更新的频率。
- minimumScore: 0.0 -认为扫描结果与地图匹配程度的最小值，如果机器人在空旷地区的位置估计发生跳跃的话，提高这个值，如 50。
- delta: 0.05 - 地图的分辨率
- particles: 30 - 滤波器参数

运行成功时应能看到如下消息。

```
[INFO] [1471071163.765580631]:Sim period is set to 0.20
[INFO] [1471071164.866088739]:Recovery behavior will clear layer
    obstacles
[INFO] [1471071165.124601476]:Recovery behavior will clear layer
    obstacles
[INFO] [1471071165.456016347]:odom received!
```

另打开一个新的终端，运行如下命令以打开 RViz 软件观察定位与建图过程：

```
roslaunch turtlebot_rviz_launchers view_navigation.launch
```

适当移动机器人后，RViz 应显示类似图 6.23 的内容。图 6.24 展示了对福州大学机械工程及自动化学院三楼走廊进行地图建立的效果。

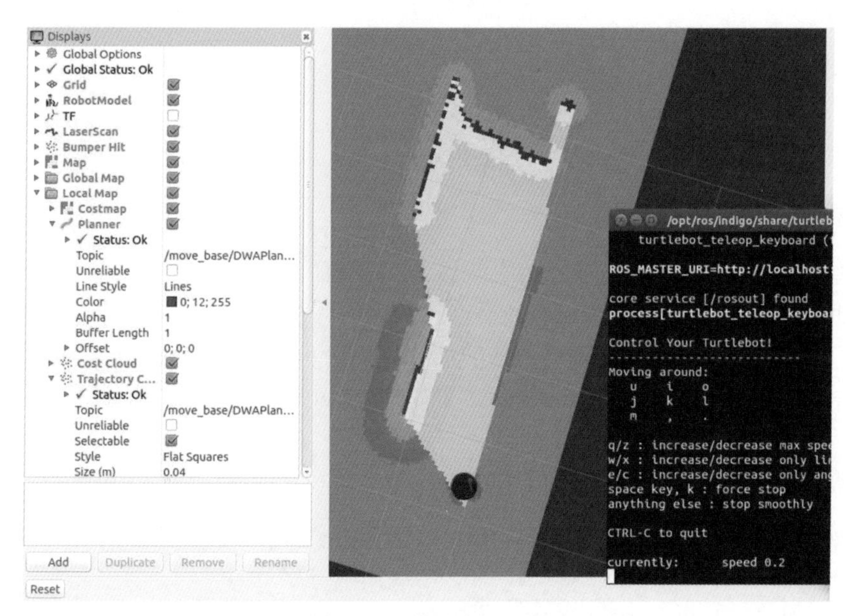

图 6.23 建图过程示例

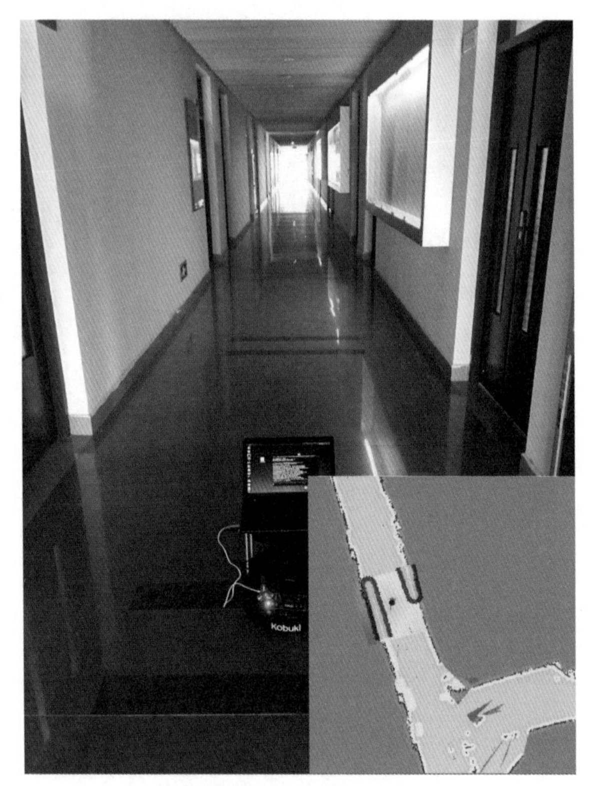

图 6.24　SLAM 示例

7. 保存图片

建图完成后，在关闭 gmapping_demo 之前，地图可以通过如下命令保存：

```
rosrun map_server map_saver -f /tmp/my_map
```

命令中的 my_map 可以替换成任意名称。该命令将生成的地图保存到当前路径加上/temp 后的路径，在该路径下产生两个文件： my_map.pgm 与 my_map.yaml。my_map.pgm 保存图片形式的地图，my_map.yaml 描述地图的维数。在随后的导航实验中，启动文件读取地图时，my_map.yaml 即是所需要指定的地图文件。

保存成功时应能看到如下信息：

```
Zhang@Zhang:~$ rosrun map_saver -f /tmp/my_map
[INFO] [1471077818.323763845]:Waiting for the map
[INFO] [1471077818.601846504]:Received a 1408 X 608 map @ 0.050 m/
    pix
```

```
[INFO] [1471077818.602046002]:Writing map occupancy data to /tmp/
    my_map.pgm
[INFO] [1471077818.699620443]:Writing map occupancy data to /tmp/
    my_map.yaml
[INFO] [1471077818.700581912]:Done
```

要浏览这个地图，可以使用任意读图软件打开 my_map.pgm 文件。例如，在进入地图文件所在的路径后，输入以下命令以使用 Ubuntu 中的 eog viewer 查看地图：

```
eog my_map.pgm
```

ROS gmapping 功能包并没有提供一种以已有地图为基础，通过增加新区域的方法进行建图的功能。然而，地图文件可以通过任意图形编辑软件进行修改。例如，可以在走廊中间画一条黑线 (或者将禁止通过的区域设置为灰色) 以阻止机器人通过；通过直接擦除像素的方式将物件从地图中移开。下一节，我们会发现定位功能其实并不需要像素的位置有多么精确。但如果你将一个大型物体从房间的一端移动到另一端，就可能让机器人在定位时感到混乱。本例最终生成的栅格地图如图 6.25 所示。

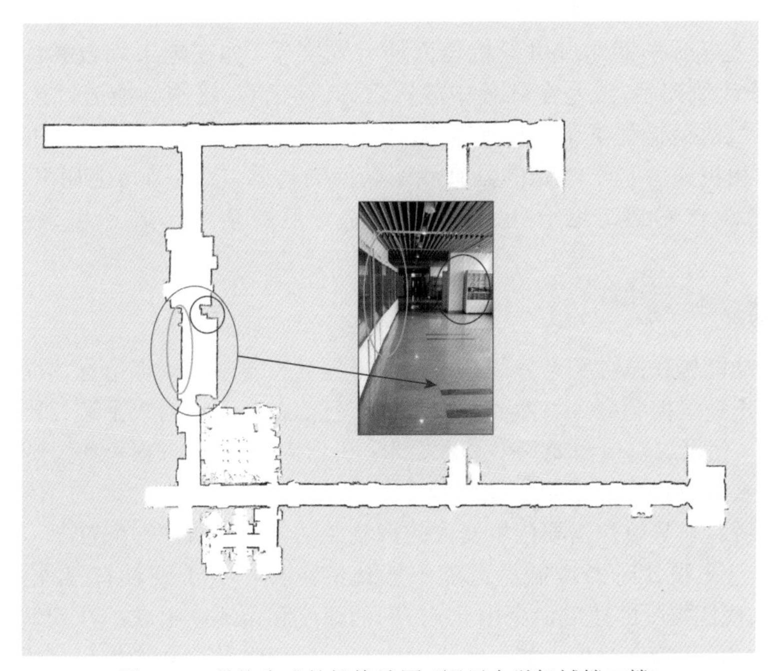

图 6.25 最终生成的栅格地图 (福州大学机械楼三楼)

6.2 导　　航

导航是移动机器人的基本功能，它是机器人确定自身以及目的地位置，并规划可行路径的能力。它包括机器人定位、路径规划、地图建立与解读。机器人定位是指机器人在某世界坐标系下确立自身位置及朝向的能力。路径规划是定位的扩展，它需要同坐标系下目标点的位置，并产生一系列局部目标点以实现到达目的地的移动过程。地图可以是一个矩阵或是其他任何可以表达环境的形式。

路径规划算法以目标任务的描述为输入，以机器人的控制量为输出，例如轮式机器人的前进速度与转向角度。路径规划将一个移动任务分解为多个移动过程，这些过程符合机器人的运动约束，并尽可能使运动的某方面特点最优。例如，将移动机器人在室内导航到某点，不考虑环境的最短路径为机器人当前位置与目标点的连线，但实际情况中，必须将路径分解为多个过程以避免机器人撞上墙壁或是掉下楼梯。依据地图制定的这些过程的总和通常称为全局路径。实际行进过程中，还要考虑机器人自身的控制特性，完全按照全局路径行进可能会使控制过程非常麻烦。因此，路径规划过程还要为机器人制定一套近似于全局路径，并使其行进过程尽可能顺畅的局部路径。

机器人导航早期通过引导机器人的方式实现，如在地下埋设感应线、磁力线，在地表绘制路径，或是在环境中放置信标、标记等。这些导航方式至今仍应用在工业环境的运输任务中。近些年来，基于视觉的导航在室内导航中广泛应用，通常使用相机或者基于激光的具有测距功能的传感器。本节将使用 Kinect 模拟线激光测距传感器，结合上一节的定位与建图功能，展示机器人的导航过程。

6.2.1　简介

导航功能包在概念上十分简单，它由里程计、传感器获得信息，向移动机器人底座输出速度控制命令。然而，要让导航包能在任意机器人上运行则是一个复杂的工作。使用导航包需要几个基本要求：机器人必须在 ROS 系统下运行；有完整的各重要部件的坐标系及相互转换关系；传感器信号使用正确的 ROS 消息类型发布。并且，导航包需要依机器人的形状、动力学性质进行配置。

导航包在设计时即遵循尽可能一般化的意图，关于硬件有三项注意事项：① 机器人底座接受的速度命令由 xy 方向的速度和角速度组成；② 安装一个用于定位与建图的平面激光器，并与底座固定在一个刚体上；③ 导航包将机器人看作是方形或圆形的。

6.2.2 已知地图的导航实验

本节将说明如何以移动机器人 TurtleBot2 为平台，使用 ROS 中的 navigation 包进行已知地图的导航实验。以下实验均在 ROS Melodic 版本下运行。

1. 路径规划与避障

ROS 使用 move_base 功能包对机器人进行导航。一个导航目标包括某坐标系下的目标位置和位姿 (机器人的最终朝向)。move_base 包使用 MoveBaseActionGoal 消息类型表达目的地。可以通过输入如下命令查看这一消息类型：

```
rosmsg show MoveBaseActionGoal
```

结果如下：

```
Zhang@Zhang:~$ rosmsg show MoveBaseActionGoal
[move_base_msgs/MoveBaseActionGoal]:
std_msgs/Header header
  uint32 seq
  time stamp
  string frame_id
actionlib_msgs/GoalID goal_id
  time stamp
  stting id
move_base_msgs/MoveBaseGoal goal
  geometry_msgs/PoseStamped target_pose
    std_msgs/Header header
      uint32 seq
      time stamp
      string frame_id
    geometry_msgs/Pose pose
      geometry_msgs/Point position
        float64 x
        float64 y
        float64 z
     geometry_msgs/Quaternion orientation
        float64 x
        float64 y
        float64 z
        float64 w
```

可以看到，目的地包含 frame_id、goal_id 和 goal。goal 发布一个 PoseStamped 类型的消息，包含位置与方向信息。

在运行 move_base 节点之前需要四个配置文件。这些文件定义了一系列参数，如：机器人半径、路径预测距离、机器人移动速度等。这四个配置文件能在导航包 config 子目录下找到，下面介绍文件中的部分重要参数：

- base_local_panner_params.yaml
  - controller_frequency: 3.0 - 更新规划路径的频率，提高该参数会增加 CPU 的负载，3~5 较为适中。
  - max_vel_x: 0.3 -移动机器人最大线速度，单位为 m/s。
  - max_vel_theta: 1.0 - 移动机器人最大角速度，单位为 rad/s。
  - xy_goal_tolerance: 0.1 - 到达终点时与目标位置的容差，单位为 m，太低会导致机器人在终点徘徊。
  - yaw_goal_tolerance: 0.1 - 到达终点时与目标朝向的容差，单位为 rad，太低会导致机器人在终点徘徊。
  - pdist_scale: 0.8 - 机器人在全局路径与局部路径间的偏好，越高越偏向于遵循全局路径。
  - gdist_scale: 0.4 - 机器人在全局路径与局部路径间的偏好，越高局部路径的制定空间越大。
  - sim_time: 1.0 -路径预测提前量，单位为 s。
- costmap_common_params.yaml
  - robot_radius: 0.165 - 机器人的半径，单位是 m。
  - footprint: ... - 如果机器人不适合用圆形近似，可以设置该参数进行更具体的描述。
  - inflation_radius: 0.3 - 机器人半径在地图中会按此值进行膨胀，提高容错，使机器人可以更安全地通过狭窄区域。
- global_costmap_params.yaml
  - global_frame: /map - 全局地图所在的坐标系，这里采用地图坐标系。
  - update_frequency: 1.0 - 全局地图的更新频率。
  - static_map: true - 设置为真表明不更新全局地图。
- local_costmap_params.yaml
  - global_frame: /odom - 局部地图的坐标系。
  - update_frequency: 3.0 - 局部地图的更新频率。
  - static_map: false - 局部地图通常是保持更新的。

2. 读取地图

机器人必须在一个固定的地图上使用导航包。地图使机器人能够定位自身，并接受导航命令行进到一个地图上表达的指定点。

可以使用上一节建立的地图进行导航实验。首先启动 TurtleBot2，另打开一个新的终端，将上一节建立的地图作为导航实验用图，在 Turtlebot2 端运行 navigation demo 并且设置地图为上一节建立的地图：

```
export TURTLEBOT_MAP_FILE=/tmp/my_map.yaml
roslaunch turtlebot_navigation amcl_demo.launch
```

也可以在 maps 中挑选一张测试地图进行仿真实验。ROS 中的地图实际上只是一个覆盖着网格的位图，白色像素代表可行区域，黑色像素代表障碍物，灰色像素表示未知区域。你甚至可以使用绘图软件绘制一张完全自定义的地图。

3. 仿真导航实验

启动虚拟的 TurtleBot2：

```
roslaunch rbx1_bringup fake_turtlebot.launch
```

ROS 使用 amcl 包进行机器人定位，定位用到的扫描信息来自于激光扫描仪或深度相机。打开一个新的终端，输入如下命令以运行虚拟的 amcl。

```
roslaunch rbx1_nav fake_amcl.launch map:=test_map.yaml
```

打开一个新的终端，运行 RViz 以观察实验。

```
rosrun rviz rviz -d `rospack find rbx1_nav`/amcl.rviz
```

当地图显示在 RViz 中时，使用鼠标右键或滚轮来缩放地图，使用左键来平移 (按住 shift 点击) 或旋转地图。打开测试地图的效果应类似图 6.26 。

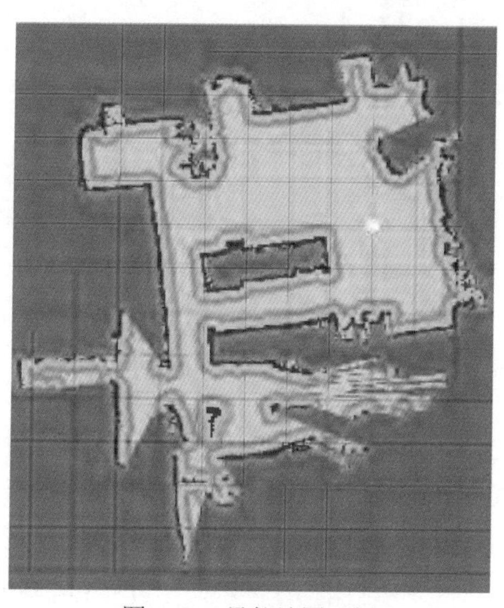

图 6.26 导航地图示例

调整好视角后，点击 2D Nav Goal 按钮为机器人选择一个目标位置，拖拽并松开鼠标以指示目标方向，move_base 将尝试把机器人移动到指定的地方。可以多尝试几次来观察 amcl 和 move_base 是如何规划路径并移动机器人的。

4. 导航实验

启动 TurtleBot2 并读取一张地图，在 PC 端运行 RViz：

```
roslaunch turtlebot_rviz_launchers view_navigation.launch --screen
```

此时应能看到读取的地图，如没有出现地图，可能是因为机器人的初始位置偏离过远，可适当缩放、拖动 RViz 的显示界面。打开走廊示例的地图，效果如图 6.27 。屏幕中显示的一系列箭头代表 TurtleBot2 可能的位置和方向。

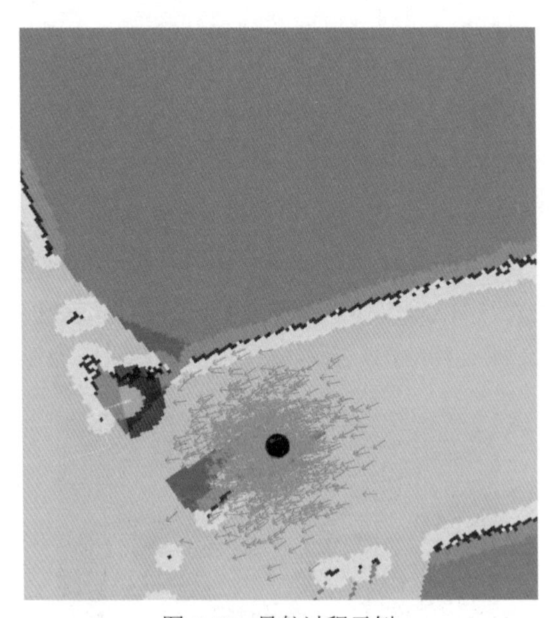

图 6.27　导航过程示例

随后，TurtleBot2 需要实验者手动提供其在地图中的大致位置。首先点击按钮 2D Pose Estimate。再点击 Turtlebot 所在的大致位置并向其朝向拖动。此时，传感器所观察到的轮廓应大致贴合地图中附近的障碍物。如图 6.28 ，传感器观察到的障碍物轮廓 (白像素线条) 与地图中记录的障碍物 (墙壁，黑像素) 大致符合。机器人会在导航过程中逐渐调整自身位置的估计，降低两者之间的偏差。

要为 Turtlebot2 设置导航目的地，应点击 2D Nav Goal 按钮，在地图中点击目的地并拖拽目标朝向。

图 6.28　传感器响应示例

5. 真实导航实验

我们同样可以在上一节生成的地图上进行真实的机器人导航实验。图 6.29 展示了在福州大学机械工程及自动化学院三楼地图上进行导航的过程。

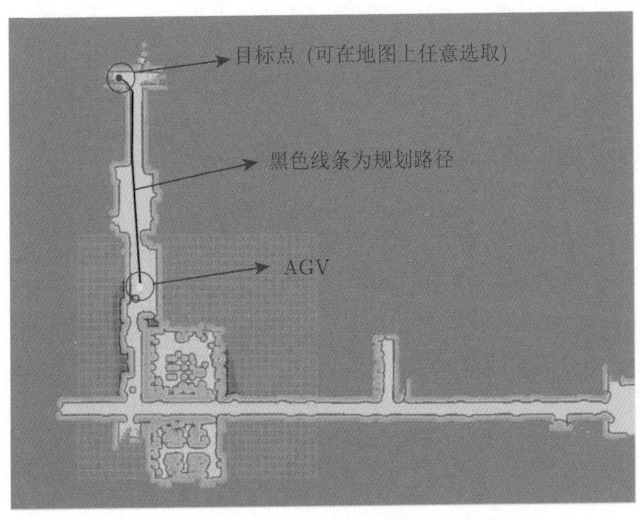

图 6.29　福州大学机械楼三楼导航过程示例

第 7 章　运动规划

7.1　背景与动机

为机器人添加机械臂是相对简单的。相比之下，如何控制机械臂完成特定的动作是一件较为困难的事情。当人们用自己的手臂来抓取空间中的物体时，即使存在较多的障碍物，这种事情也是一件相当简单就能完成的事。但是如果需要通过编程控制机械臂完成类似的动作，会涉及较为复杂的数学问题。

幸运的是，ROS 系统提供了在真实环境下实现多关节机械臂复杂运动、抓取任务的所有工具。附加在机械臂末端的夹子或抓手称为末端执行器。控制末端执行器向着某个指定的位置和方向进行避障运动的问题称为机械臂导航。一般将机械臂称为控制器，如果机械臂安装于移动机器人，称为移动操作。

机械臂导航的一般目标是控制末端执行器向着某个指定的位置和方向进行空间运动。如果机械臂包括一个夹子或者某种类型的抓手，我们可以进行在目标位姿处抓取物品并移动至另一位置的任务，称为抓取–放置。ROS 系统中的 MoveIt! 功能包几乎能应用于移动操作的所有方面，包括运动规划、运动学、碰撞检测、抓取、抓取–放置、感知等。

MoveIt! 由 Willow Garage 开发，现在由斯坦福国际咨询研究所 (Stanford Research Institute International) 维护。本章的主要目标是通过一些简单的代码来其进行初步的介绍。

本章我们将用 MoveIt! 执行最普通的四个机械臂导航任务：

(1) 将手臂移动至一个指定姿态的关节配置。

(2) 将末端执行器移动至一个指定的笛卡儿位姿 (位置和方向)。

(3) 在障碍物和路径限制存在的情况下移动机械臂。

(4) 同时控制两个机械臂。

我们首先介绍一些相关的背景知识，然后介绍如何使用 MoveIt! 实现运动规划和物体操作。

7.2　MoveIt! 介绍

7.2.1　MoveIt! 结构

MoveIt! 的结构如图 7.1 所示。我们将分别对其中的各部分分别进行介绍。

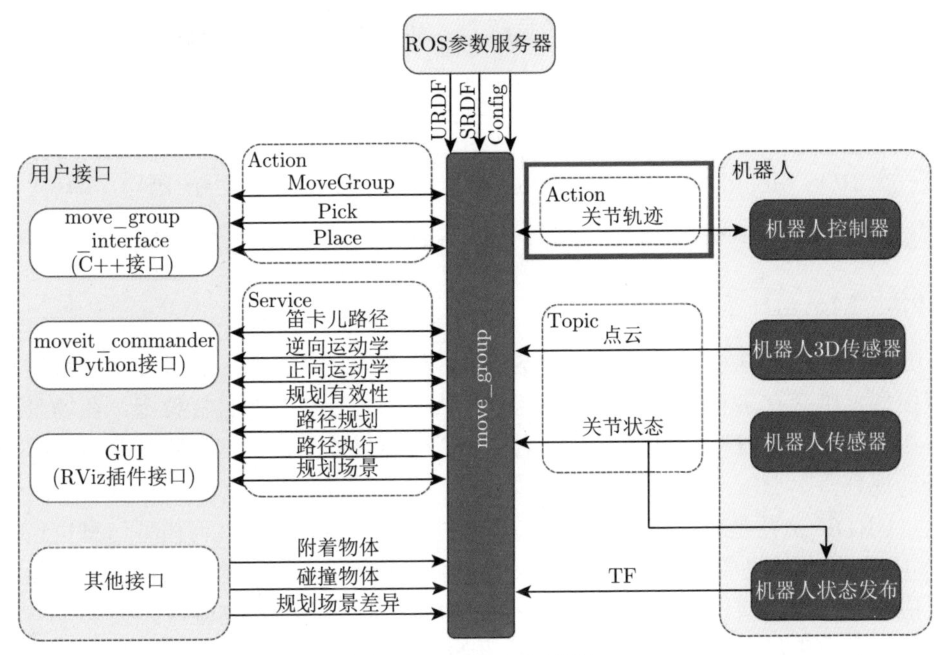

图 7.1 MoveIt! 框架图

1. move_group 节点

可以将 move_group 看作 MoveIt! 的核心，它集合了机器人的多种元件，并能够依据用户的需要传递动作与服务信息。move_group 节点搜集机器人的相关信息如点云信息、关节状态、TF 信息。

2. ROS 参数服务器

从图 7.1 中可以看出，ROS 参数服务器 (ROS Parameter Server) 是搜集机器人运动学的相关数据，例如机器人的 URDF 模型、SDF 文件以及配置文件。当我们为机器人创建一个 MoveIt! 包时，将会同时生成 SDF 文件以及配置文件。配置文件包括设置关节极限、运动感知、运动学、末端执行器的参数文件。

3. 用户界面

如果 MoveIt! 得到了上述与机器人相关的信息以及配置，可以认为配置成功，我们可以在用户界面 (User Interface) 上对机器人下达命令。通过 MoveIt! 相应的应用程序接口，使用 C++ 或者 Python 编程语言编写程序来命令 move_group 节点执行诸如抓取放置、逆运动学求解、正运动学求解。使用 RViz 运动规划插件可以在 RViz 界面上控制机器人运动。move_group 节点仅作为搜集机器人相关信息的信息集合器，并不会运行任何有关运动规划的算法而是将所有功能视为插件进行连接。这些插件包括运动学求解器、动作规划等插件。我们可以通过这些插件进行功能扩展。

7.2.2　MoveIt! 安装

在 ROS Melodic 版本上安装 MoveIt! 十分简单，输入下面的语句，即可。

```
sudo apt-get install ros-melodic-moveit
```

7.2.3　MoveIt! 运动规划

假设我们已知机器人的初始位姿和目标位姿，以及机器人和世界坐标系的几何模型，则存在多种路径可以使得机器人从初始位姿运动到目标位姿。在场景中存在障碍物的情况下，将能够寻找不碰触任何障碍物的最佳运动路径的方法称为运动规划。

URDF 文件是对机器人几何模型的描述，世界坐标系的几何模型信息也包含于 URDF 文件之中。通过使用激光扫描传感器或者 3D 视觉传感器机器人能够生成 3D 世界模型，这样机器人能够更好地避免与动态障碍物碰撞。

在处理机械手的运动规划问题中，运动规划器应当能够寻找一条包含了所有关节空间的运动轨迹，这条轨迹能够避免机械手的各部分不会与环境中的障碍物相碰撞，也不会发生自碰撞。同时，这条轨迹也需要考虑到每个关节的运动范围。

MoveIt! 可以通过插件界面与运动规划器进行通信。通过更换运动规划器的类型，我们可以简单地实现任意运动规划器的使用。这种方法具有高度的可扩展性，因此我们可以通过该界面使用自己定义的运动规划器。move_group 节点通过 ROS 的 action/services 服务与运动规划器进行通信。默认的运动规划器是 OMPL [45]。

实现运动规划的一般步骤：首先，向运动规划器发送一条运动规划请求，这条请求指明了规划需求。规划需求可以是对末端执行器设定一个新的位姿目标，例如在抓取放置操作中设置的目标位姿。其次，还可以为运动规划器设置附加的运动学约束，下面列出 MoveIt! 中的一些内置约束：

(1) 位置约束：约束机械臂链的位置。

(2) 方向约束：约束机械臂链的方向。

(3) 可见约束：这类约束使得机械臂上某些点在一些特定的观察位置 (如在传感器的视角下) 是可见状态。

(4) 关节约束：这类约束使关节在其实际运动范围之内运动。

(5) 用户指定约束：允许用户可以通过定义回调函数的方式定义指定的约束。

使用这些约束，我们可以发送一个运动规划请求，运动规划器在收到请求后会生成一个满足要求的运动轨迹。move_group 节点将会调用运动规划器，生成一个满足所有约束条件的运动轨迹信息，这些信息可以被发送至机器人关节轨迹控制器。

7.2.4 MoveIt! 场景规划

场景规划定义为对机器人所处环境的表现以及对机器人状态信息的保存。move_group 节点内的场景规划监视器对场景规划进行维护。move_group 节点还包括一个称为世界几何监视器的部分，通过用户输入的数据和传感器得到的信息构建世界的几何模型。

7.2.5 MoveIt! 运动学求解器

MoveIt! 通过更换不同的机器人插件来使用不同的逆运动学算法。用户可以像编写插件一样编写自己的逆运动学求解器。自定义的 IK 插件可以替换默认的 IK 插件，在 MoveIt! 中默认的求解器是基于雅可比行列式数值算法的求解器。

与分析法求解器相比，数值求解器能够方便地求解逆运动学问题。使用 IK-Fast 功能包能够产生一个用分析法求解逆运动学问题的 C++ 代码程序。该程序可以用于不同种类的机器人控制器上，在机器人的自由度小于 6 的情况下其表现尤其出色。使用一些 ROS 工具能够将这段 C++ 代码转换为 MoveIt! 插件。

正运动学以及雅可比行列式的生成已经被集成于 MoveIt! 的 RobotState 类中，不需要添加额外的插件来解决相关问题。

7.2.6 MoveIt! 碰撞检测

MoveIt! 中的 CollisionWorld 对象可以用来查询虚拟场景中发生的碰撞，MoveIt! 支持对不同类型物体的碰撞检测，如网状物或者简单形状物体，如长方体、圆柱体、圆锥、球体以及 Octomap 图。在运动规划中，碰撞检测所需的计算量十分巨大。使用 ACM 矩阵可以减少运算量，在矩阵中使用一个二进制值来代表两个物体之间是否需要碰撞检测。如果值为 1，说明两者不需要进行检测，一般将相距很远的一对物体对应的值设置为 1。

现在，我们已经对 MoveIt! 的功能有了初步的了解，下面将介绍如何将描述机械臂的相关文件导入 MoveIt!。MoveIt! 提供了安装向导 (Setup Assistant) 工具，这是一个图形界面基本工具，可以生成与机械臂有关的描述文件。下一节将具体介绍如何使用安装向导创建一个机器人功能包。

7.3 创建 MoveIt! 功能包

在使用 MoveIt! 控制进行路径规划之前，需要运行对应机器人的配置功能包，本节介绍如何创建 MoveIt! 功能包。

7.3.1 使用安装向导工具生成 ROS Noetic Panda 单臂 MoveIt! 配置文件包

1. 运行 MoveIt! 安装助手工具

使用下列命令来启动 MoveIt! 安装向导：

```
roslaunch moveit_setup_assistant setup_assistant.launch
```

启动上述命令之后将显示一个安装助手界面，如图 7.2 所示，该界面有两个选项，Create New MoveIt Configuration Package 和 Edit Existing MoveIt Configuration Package 。我们先点击 Create New MoveIt Configuration Package 选项，创建一个新的 MoveIt! 配置功能包。

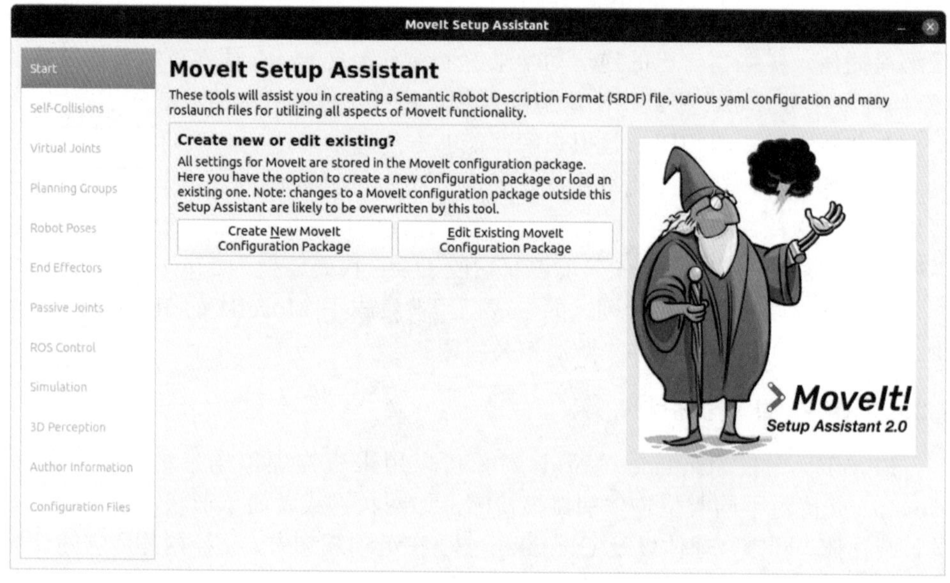

图 7.2 Setup Assistant 启动界面

点击 browse 选项，导航至 panda_arm_hand.urdf.xacro 文件，该文件在 Noetic 版本下位于 /opt/ros/noetic/share/franka_description/robots。选中该文件后，安装助手将载入该文件，并且显示如图 7.3 所示界面。

2. 生成自碰撞矩阵

默认的自碰撞矩阵生成器将搜索能够进行碰撞检测的连杆，减少运动规划处理时间。如果找到的这对连杆总是处于碰撞状态，永远不会碰撞状态，或者处于机器人默认位置，那么这对连杆将处于不可用状态 (disable)。采样密度指定了有多少随机的机器人位置用于自碰撞检测。如果采样密度太高，将花费大量计算时间，采样密度太低则导致碰撞。此处，默认值为 10000。

MoveIt Setup Assistant

Start
Self-Collisions
Virtual Joints
Planning Groups
Robot Poses
End Effectors
Passive Joints
ROS Control
Simulation
3D Perception
Author Information
Configuration Files

MoveIt Setup Assistant

These tools will assist you in creating a Semantic Robot Description Format (SRDF) file, various yaml configuration and many roslaunch files for utilizing all aspects of MoveIt functionality.

Create new or edit existing?

Create New MoveIt Configuration Package
Edit Existing MoveIt Configuration Package

Load a URDF or COLLADA Robot Model

Specify the location of an existing Universal Robot Description Format or COLLADA file for your robot

/opt/ros/noetic/share/franka_description/robots/panda_arm.urdf.xacro
Browse

optional xacro arguments:

Success! Use the left navigation pane to continue.

100%
Load Files

visual collision

图 7.3 安装助手

我们可以选中界面左边的 Self-Collisions 选项，点击界面右侧的 Generate Collision Matrix 按钮，以便生成碰撞矩阵。点击之后，稍等片刻，将会显示碰撞检测结果，如图 7.4 和图 7.5 所示。

MoveIt Setup Assistant

Start
Self-Collisions
Virtual Joints
Planning Groups
Robot Poses
End Effectors
Passive Joints
ROS Control
Simulation
3D Perception
Author Information
Configuration Files

Optimize Self-Collision Checking

This searches for pairs of robot links that can safely be disabled from collision checking, decreasing motion planning time. These pairs are disabled when they are always in collision, never in collision, in collision in the robot's default position, or when the links are adjacent to each other on the kinematic chain. Sampling density specifies how many random robot positions to check for self collision.

Sampling Density: Low High 10000
Min. collisions for "always"-colliding pairs: 95% Generate Collision Matrix

Link A Link B Disabled eason to Disab

link name filter show enabled pairs linear view matrix view Revert

visual collision

图 7.4 碰撞检测

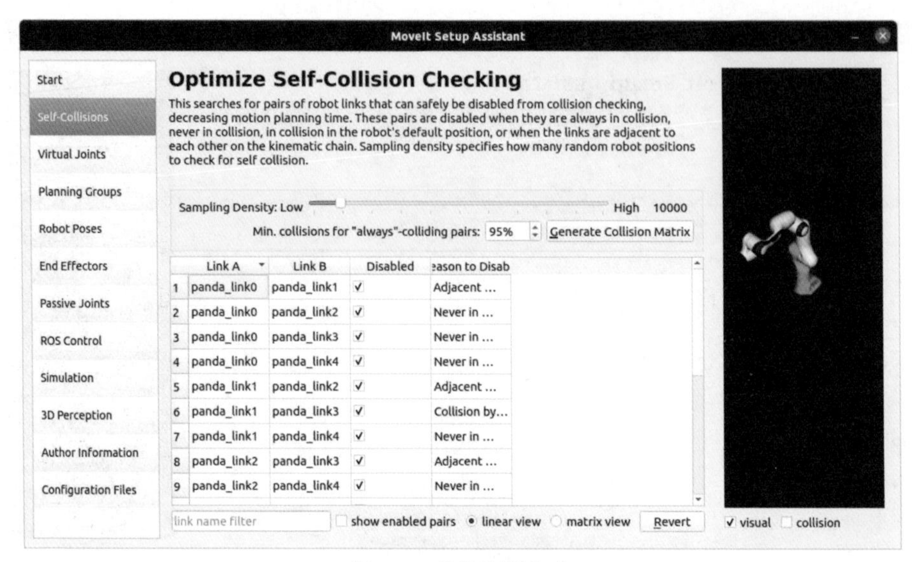

图 7.5　碰撞检测完成

3. 添加虚拟关节

虚拟关节建立了机器人与参考坐标系之间的联系，并非只有固定的非移动机器人需要定义虚拟关节，即使机械臂的基本位置不是固定的，仍然需要定义虚拟关节。对于 Panda 机器人，我们定义一个虚拟关节，即建立世界坐标系 world 与 panda_link0 之间的联系。这个虚拟关节代表了平台上机器人基座的运动。虚拟关节的设置步骤如下：

(1) 单击界面左侧 Virtual Joint，并点击 Add Virtual Joint (图 7.6)。

(2) 设置虚拟关节名称，本例中设置为 virtual_joint。

(3) 设置子连杆名称为 “panda_link0”，父连杆名称为 “world”。

(4) 设置关节类型为固定关节 “fixed”。

4. 添加运动规划组

MoveIt! 使用运动规划组描述机器人的不同部分，简单来说，运动规划组是机器人的一组关节或者连杆，被规划用于达成连杆或者末端执行的目标姿势。

我们可以选中界面左边的 Planning Groups 选项，点击界面右侧的 Add Group 按钮，以便生成运动规划组。

下面我们以添加 Panda 机器人臂规划组为例，演示其操作过程。

(1) 单击界面左侧 Planning Groups 并点击 Add Group，出现图 7.7 所示界面。

(2) Group Name：将规划组命名为 panda_arm。

(3) Kinematic Solver：选择 kdl_kinematics_plugin/KDLKinematicsPlugin 作为运动学求解器。

(4) 保持 Kin.Search Resolution、Kin.Search Timeout 为默认值。

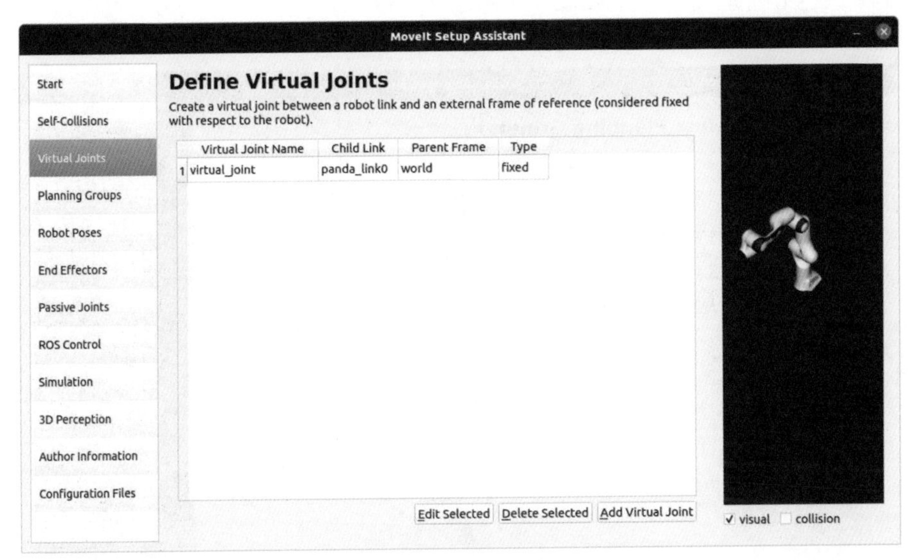

图 7.6 添加虚拟关节

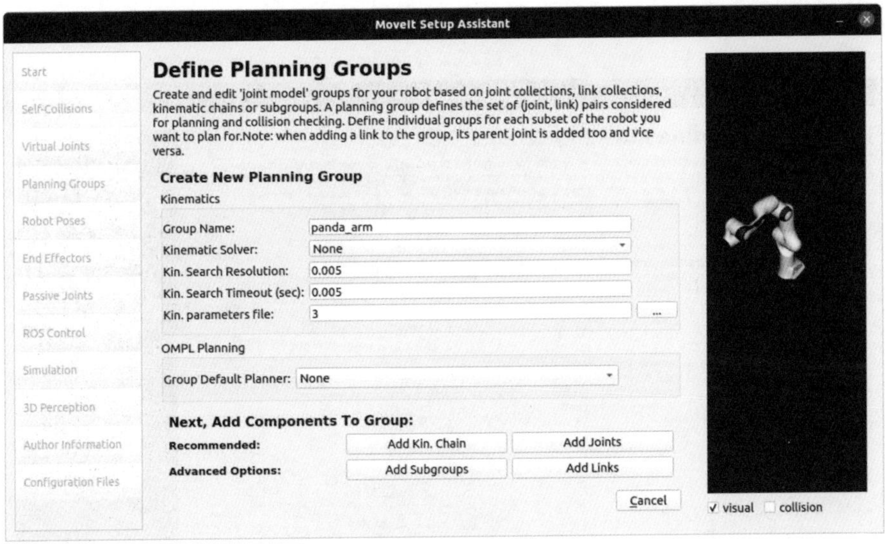

图 7.7 添加运动规划组

(5) 点击 Add Joints 按钮，界面左侧将出现一列关节列表，将属于机械臂的关节筛选至右侧的空列表中，如图 7.8 所示。由于左侧列表是按照字母顺序排列，这简化了筛选的过程。在筛选的过程中，右侧的机器人将高亮显示你选择的关节，你可以调整观察视角，以确定每个关节的位置。筛选过程结束后，点击 Save 完成机械臂规划组的定义。结果如图 7.9 所示。

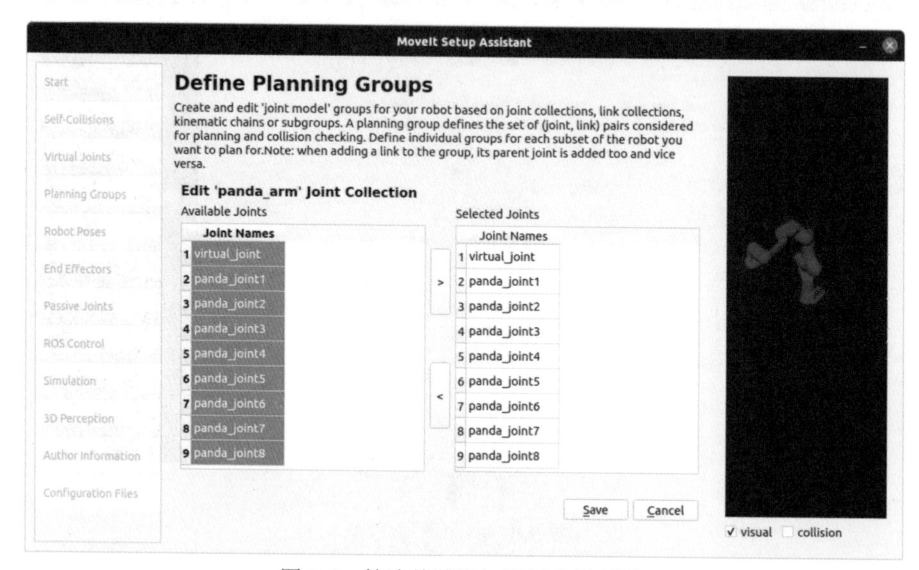

图 7.8　筛选关节添加至运动规划组

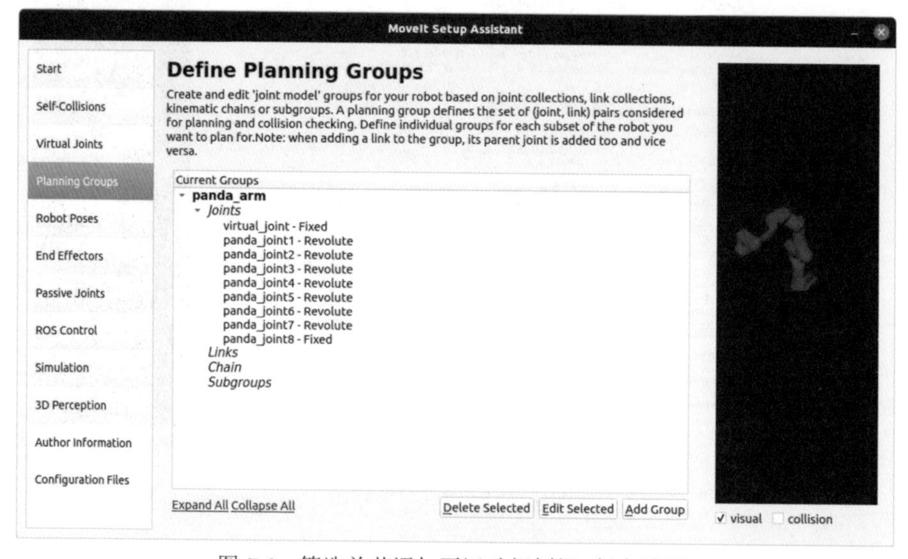

图 7.9　筛选关节添加至运动规划组: 保存结果

接下来，我们添加末端执行器 (end effector，即机械手)：

(1) 点击 Add Group，将规划组命名为 hand。

(2) Group Name：将规划组命名为 panda_arm。

(3) 保持 Kin.Search Resolution、Kin.Search Timeout 为默认值。

(4) 点击 Add Links 按钮。

(5) 选择 panda_hand、panda_leftfinger、panda_rightfinger，将其添加到右侧列表中，点击保存。结果如图 7.10 所示。

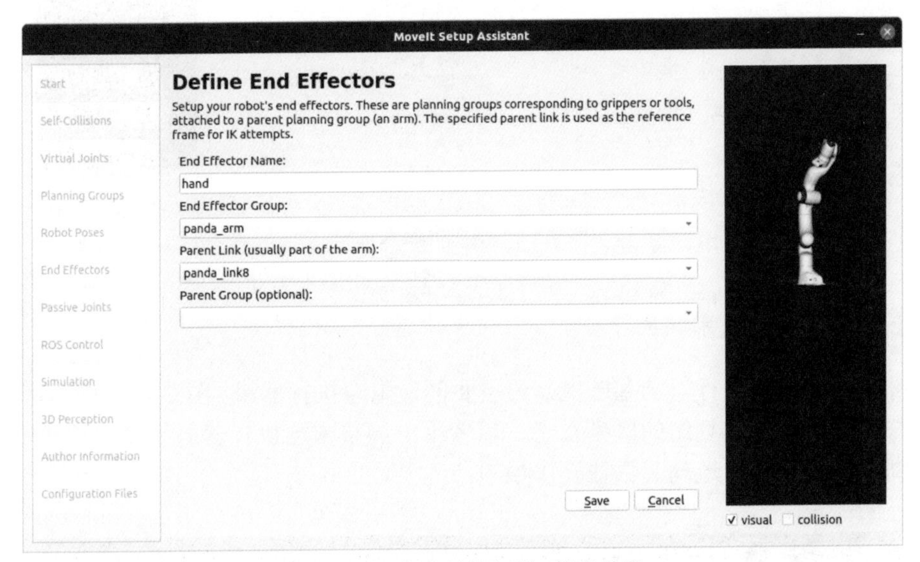

图 7.10 添加末端执行器: 保存结果

5. 添加机器人位姿

安装向导允许在安装助手中为机器人定义指定的位姿。在一些应用中，我们可以将一些特定姿态定义为归零位置 (Home position) 。图 7.11 所示为位姿定义界面，具体步骤如下：

(1) 点击界面左侧 Robot Poses 按钮。

(2) 点击 Add Pose 选择规划组名称，并输入指定位姿的名称。为规划组内的每个关节选择指定的参数，右侧将显示与设定值对应的机器人位姿状态。

(3) 位姿调整完成后点击 Save 生成指定位姿。可以为一个规划组定义多个指定位姿。

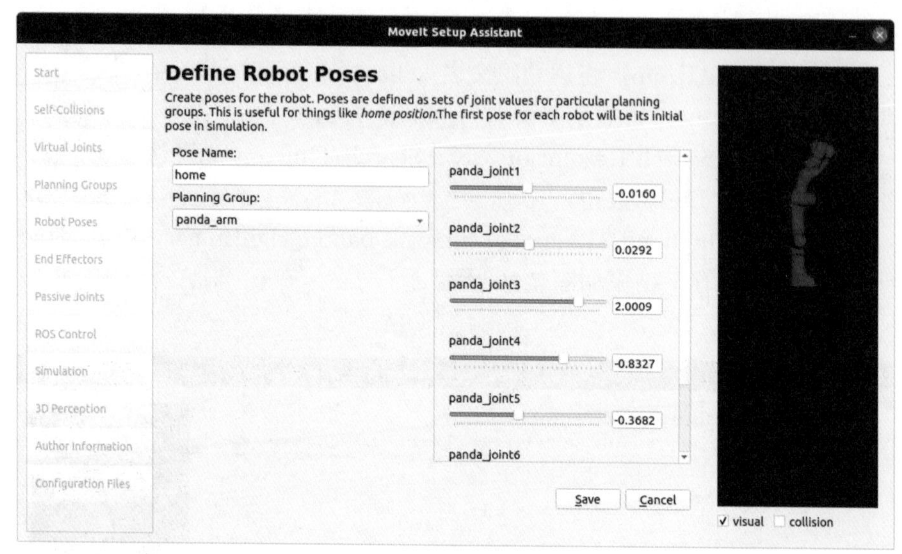

图 7.11　添加机器人位姿

6. 设置机器人末端执行器

在添加末端执行器的基础上，还需要创建末端执行器组 (图 7.12)。末端执行器与末端执行器规划组的区别在于，前者用于调整末端执行器的位姿，后者用于控制末端执行器的运动。具体操作如下：

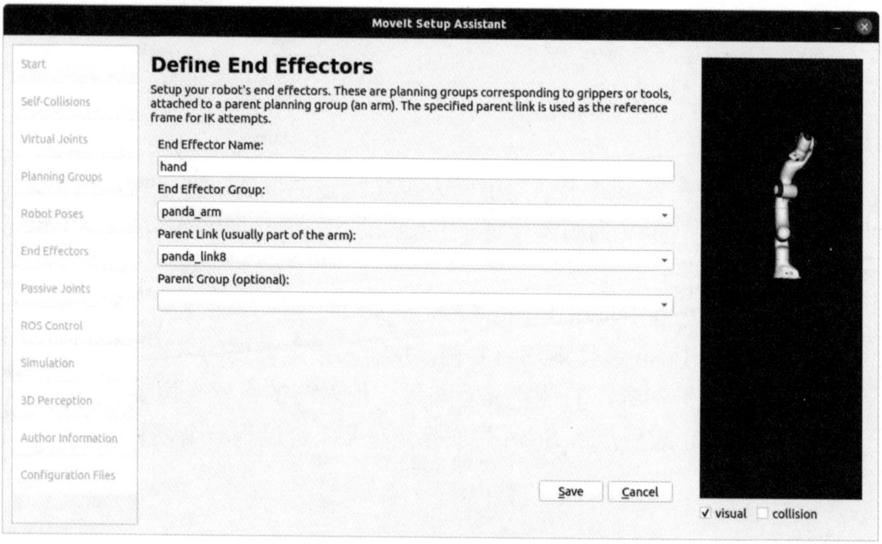

图 7.12　设置机器人末端执行器

(1) 点击界面左侧 End Effectors 按钮。

(2) 点击 Add End Effector 输入末端执行器名称 hand，选择末端执行器规划组为 hand。

(3) 选择 panda_link8 为父连杆。Parent Group 栏留空。

(4) 点击 *Save* 生成机械臂末端执行器。

7. 添加机器人被动关节

对于可能存在的被动关节的机器人可以设置被动关节。被动关节中不存在驱动，因此无法控制。Panda 机器人没有任何被动关节，因此我们将跳过这个步骤。图 7.13 为被动关节设置界面。

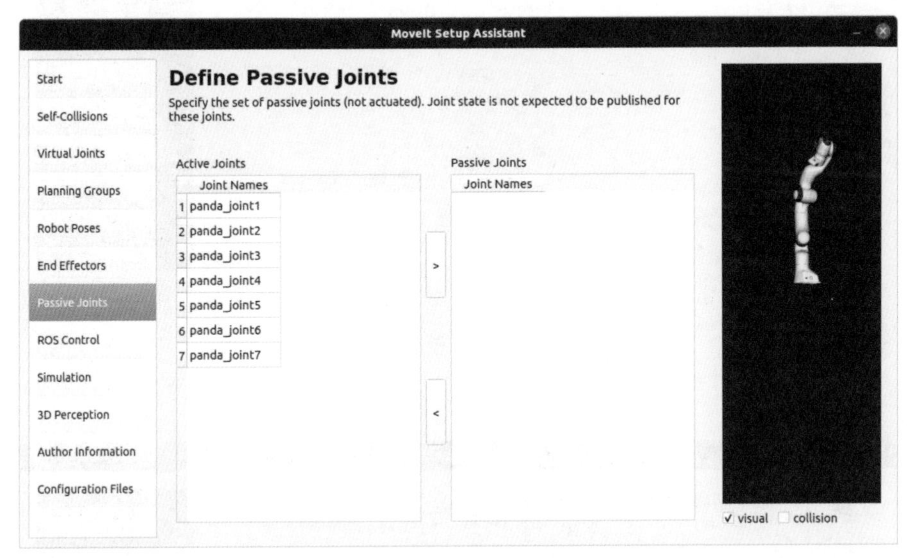

图 7.13 添加机器人被动关节

8. ROS 控制

ROS Control 是 ROS 中一个包含控制界面、控制器消息管理器、传输和硬件界面的功能包集合。这里的 ROS Control 选项用于自动生成仿真控制器，以用于控制机器人机械臂关节。具体操作如下：

(1) 点击界面左侧 ROS Control 按钮，图 7.14 所示。

(2) 点击 Add Controller，图 7.15 所示。

(3) 首先添加 Panda 机械臂位置控制器，输入 arm_position_controller 作为控制名字。

(4) 选择控制类型为 position_controllers/JointPositionController。

(5) 选择控制器关节，可以手工逐个添加关节，也可以在规划组中一次添加所有关节。

(6) 选择 panda_arm 规划组并且将所有关节添加到手臂控制器中，如图 7.16 所示。

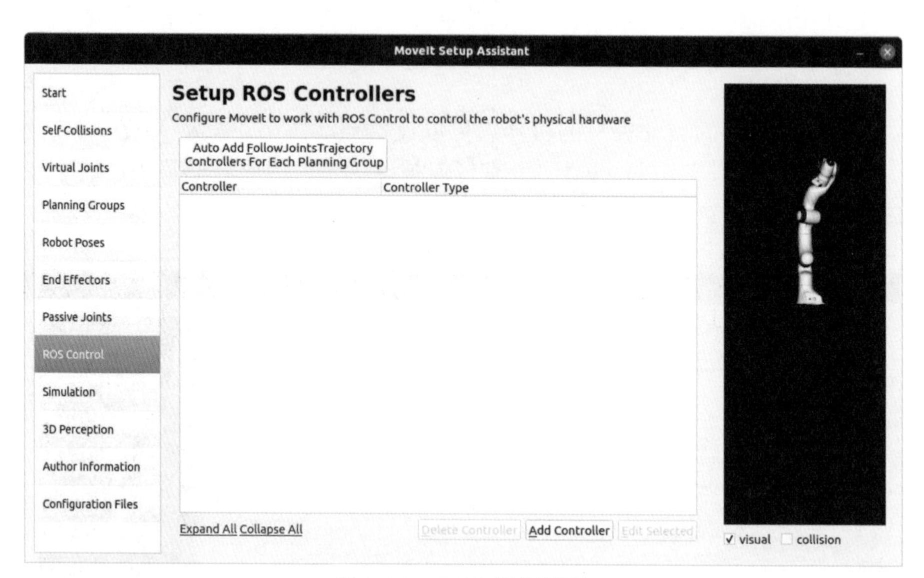

图 7.14 ROS 控制界面

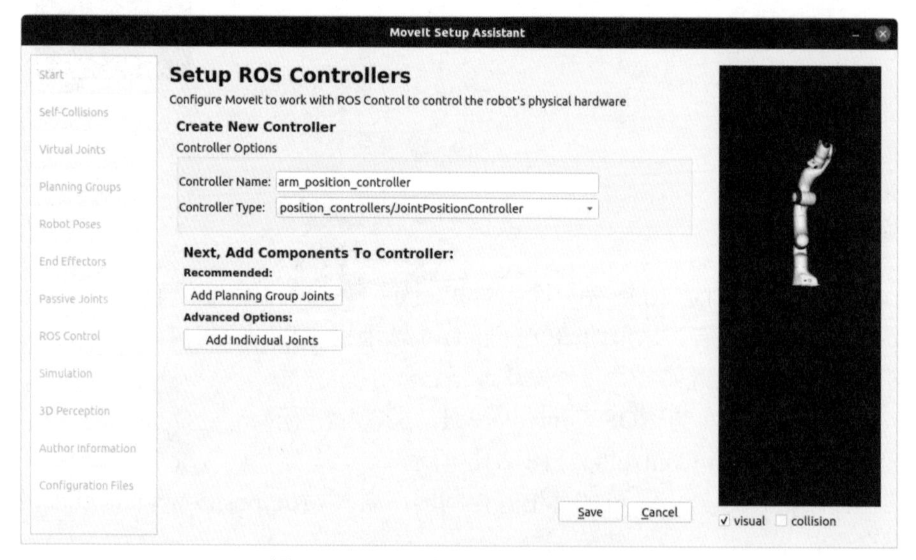

图 7.15 ROS 控制界面中设置参数

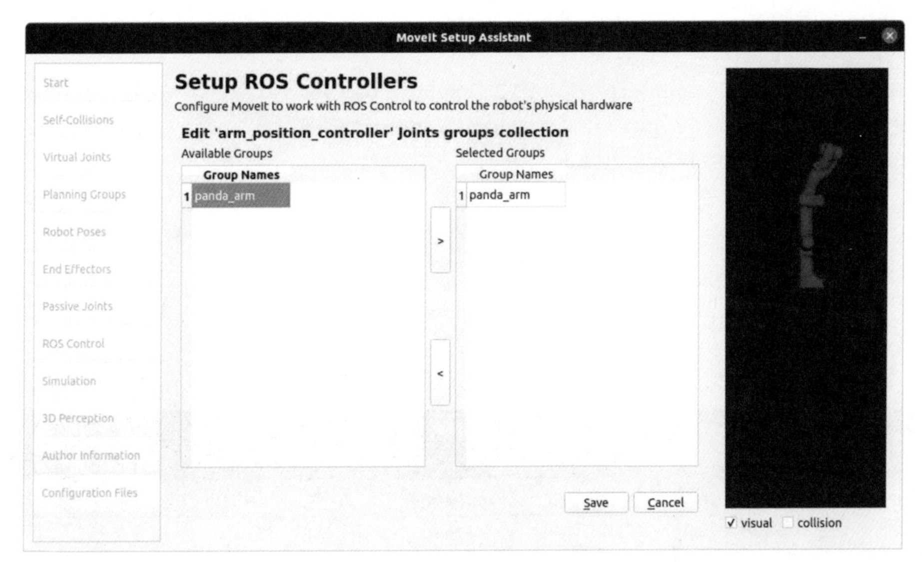

图 7.16 添加关节到机械臂

9. Gazebo 仿真

仿真选项用于生成 Gazebo 中仿真机器人需要的 URDF 机器人模型文件。配置界面如图 7.17 所示。

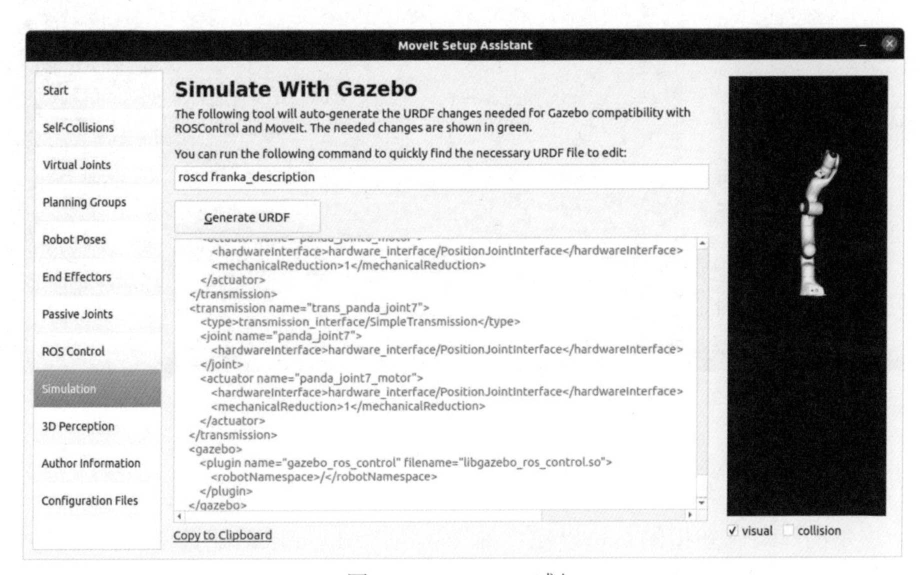

图 7.17 Gazebo 感知

可以首先在 Gazebo 中导入空的世界，然后导入机器人模型。

```
roslaunch gazebo_ros empty_world.launch paused:=true
use_sim_time:=false gui:=true throttled:=false
recording:=false debug:=true

rosrun gazebo_ros spawn_model -file panda.urdf -urdf -x 0 -y 0 -z 1
    -model panda
```

导入之后的仿真模型如图 7.18 所示。

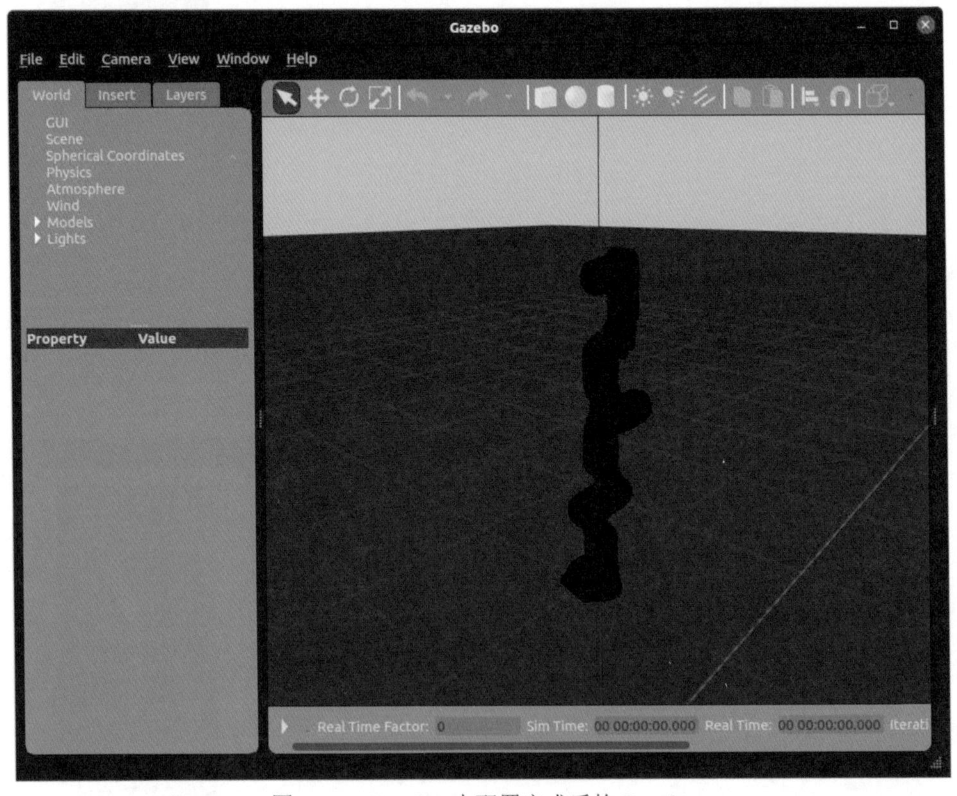

图 7.18　Gazebo 中配置完成后的 Panda

10. 3D 感知

这里的 3D 感知指的是可以在文件 sensors_3d.yaml 中配置 3D 传感器的参数，如图 7.19 所示。如果不需要配置 3D 传感器，则可以直接选择 None 选项。

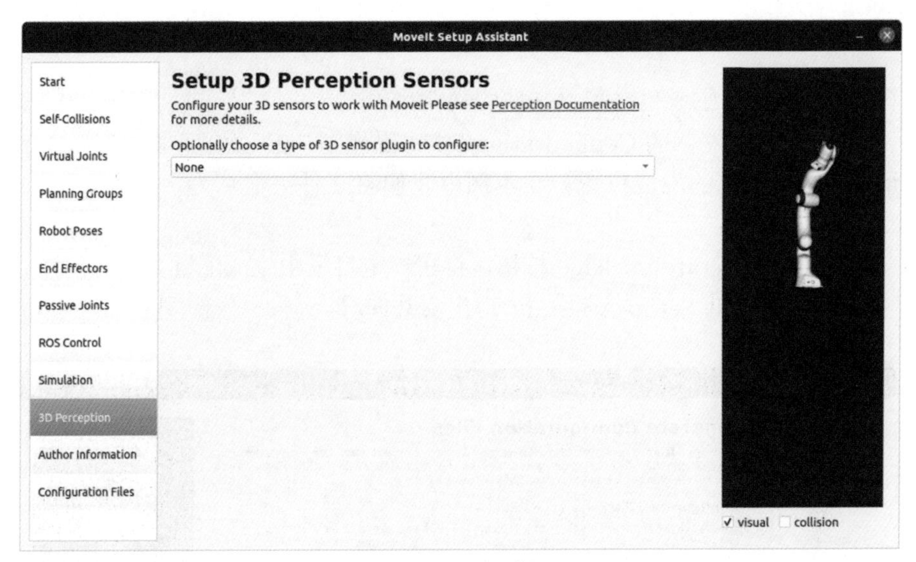

图 7.19 3D 感知

11. 添加作者信息

点击界面左侧 Author Information 按钮，可以添加作者、名字和邮件等信息，如图 7.20 所示。

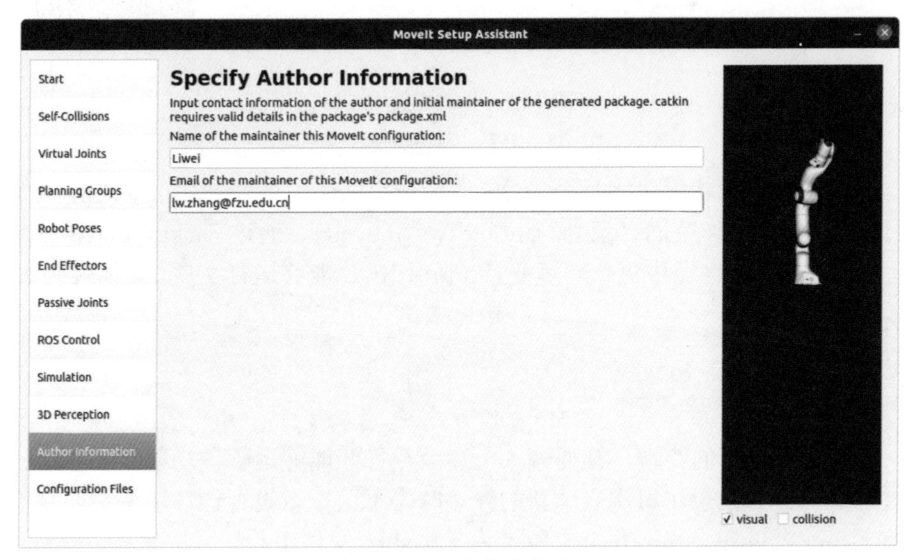

图 7.20 添加作者信息

12. 生成配置文件

下面介绍如何生成包含配置文件的功能包。

(1) 点击界面左侧的 Configuration Files，出现图 7.21 所示界面。点击 Browse 按钮来选择功能包的生成位置。在本例中我们将文件夹命名为 panda_moveit_config。

(2) 点击 Generate Package 按钮，将在指定目录中生成配置文件。创建完毕后，即可点击 Exit Setup Assistant 退出安装向导。

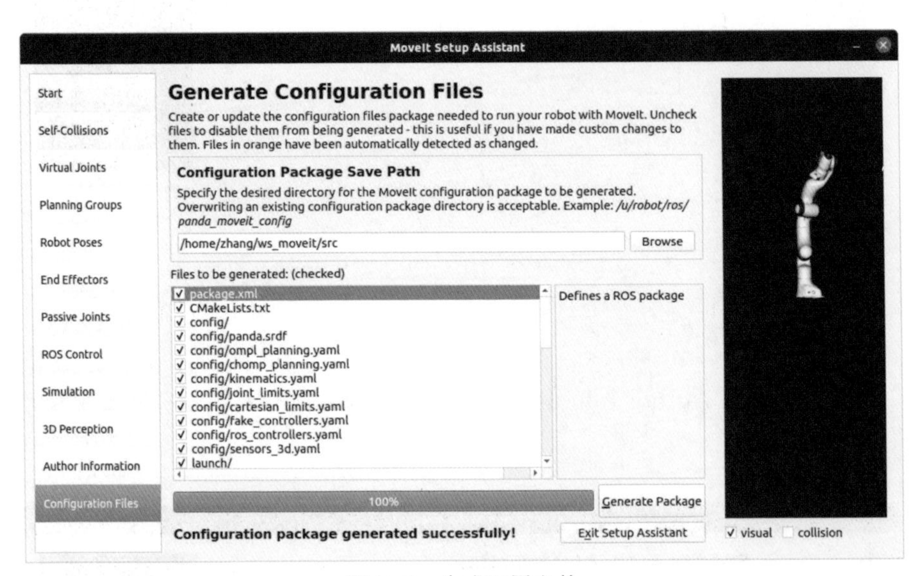

图 7.21　生成配置文件

将生成的配置功能包拷贝至 ROS 的工作空间中，或者在生成时选择工作空间目录 (本例的工作空间目录为 ~/home/ws_moveit)。通过 catkin_make 命令创建运行程序，并在终端中更新环境变量，确保 ROS 能够运行文件，具体代码如下：

```
cd ~/ws_moveit/src
catkin_make
source devel/setup.bash
```

每打开一个新的终端，都要输入上述命令行才能够运行该功能包文件，这是比较麻烦的。如果想在每次启动新的终端时，不用重新设置该环境变量，我们可以将 "source devel/setup.bash" 加入 ~ /.bashrc 文件中：

```
gedit ~/.bashrc
```

在文件中加入 “source (工作空间路径)/devel/setup.bash”，建议加入注释 (#) 对该行进行说明，便于后续修改。至此，我们完成了功能包文件的创建。

7.3.2 使用安装向导工具生成 ROS Indigo PR2 双臂 MoveIt! 配置文件包

1. 运行 MoveIt! 安装助手工具

使用下列命令来启动 MoveIt! 安装向导：

```
roslaunch moveit_setup_assistant setup_assistant.launch
```

在弹出的窗口 (图 7.22) 中点击 Create New MoveIt! Configuration Package，将创建一个新的 MoveIt! 配置功能包。接下来，安装向导提示需要输入的机器人 URDF 文件路径，机器人模型文件一般保存为.urdf 或.xacro 格式，如果我们提供的文件为.xacro 格式，将会在内部转换为.urdf 格式。文件的默认路径为 (/opt /ros/indigo/share/pr2_description/robots/pr2.urdf.xacro)。如果机器人模型文件被成功解析，将会看到如图 7.23 所示窗口。

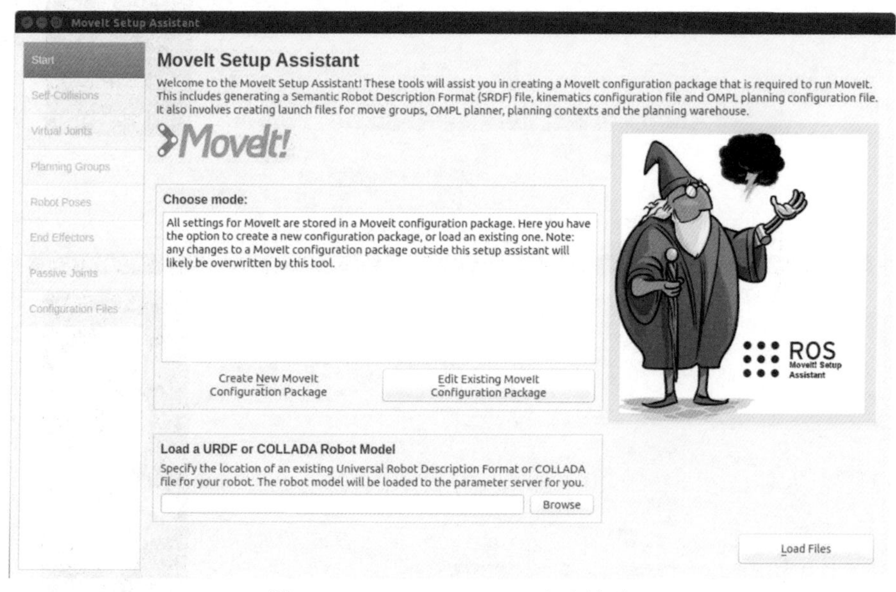

图 7.22 Setup Assistant 启动界面

2. 生成自碰撞矩阵

在这一部分，MoveIt! 通过对机器人上任意连杆的检查来寻找不需要进行碰撞检测的连杆，以节约运动规划的时间。这个工具将连杆分类为：一直会碰撞的连杆、从不碰撞的连杆、在默认位置上碰撞、相邻连杆、有时会碰撞的连杆。在窗口左侧点击 Self-Collisions，出现如图 7.24 所示窗口，其中采样密度表示进行自碰撞检测时，机器人的随机位置的个数。如果采样密度很高，计算量将会很大但是自碰撞的情况会减少，默认的采样密度值为 10000。点击 Regenerate Default Collision Matrix 将生成自碰撞矩阵。

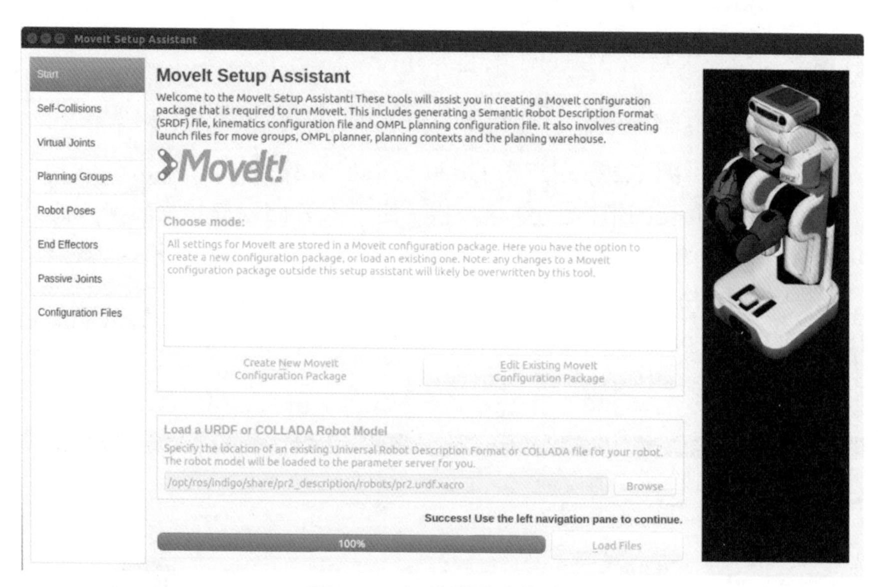

图 7.23　加载机器人模型

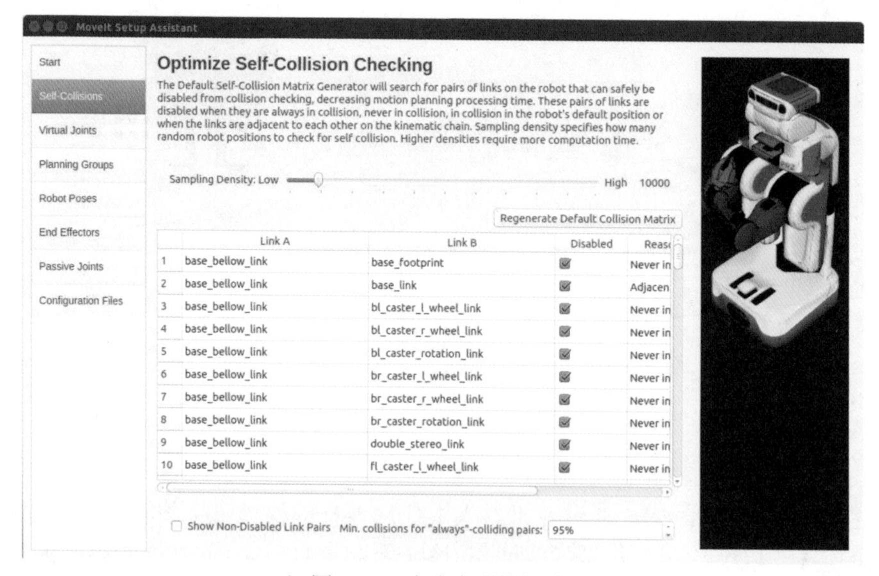

图 7.24　生成自碰撞矩阵

3. 添加虚拟关节

虚拟关节建立了机器人与参考坐标系之间的联系，并非只有固定的非移动机器人需要定义虚拟关节，即使机械臂的基本位置不是固定的，仍然需要定义虚拟关节。例如，如果机械臂是固定在一个移动机器人平台上，我们应该定义一个关于 odom 坐标系的虚拟关节。对于 PR2 机器人，我们定义一个虚拟关节，即建立 base_footprint 与 odom_combined 世界坐标系之间的联系。这个虚拟关节代表了平台上机器人基座的运动。虚拟关节的设置步骤如下：

(1) 单击界面左侧 Virtual Joint，并点击 add virtual joint (图 7.25)。

(2) 设置虚拟关节名称，本例中设置为 Virtual_joint。

(3) 设置子连杆名称为 “base_footprint”，父连杆名称为 “odom_combined”。

(4) 设置关节类型为平面关节 “planar”。

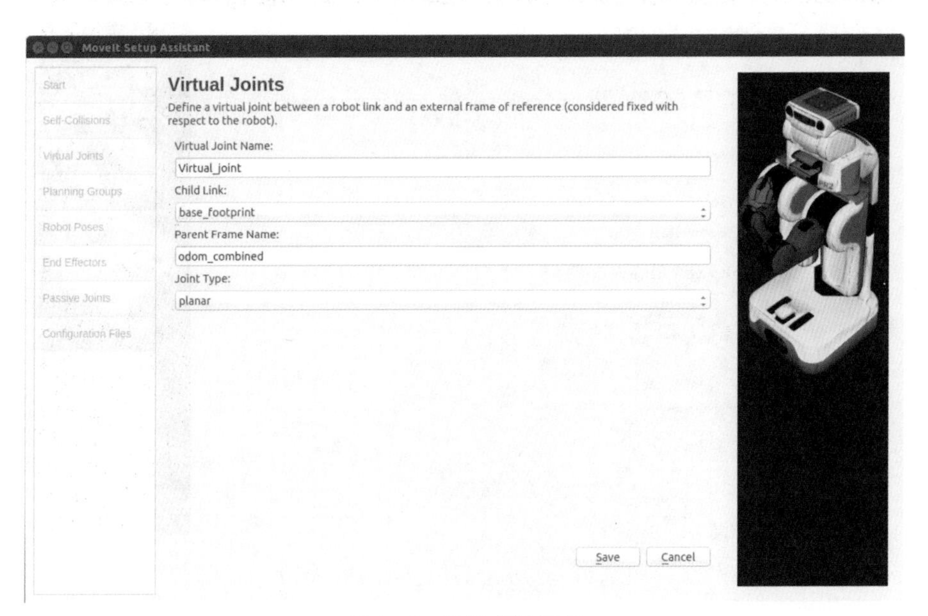

图 7.25 添加虚拟关节

4. 添加运动规划组

MoveIt! 使用运动规划组描述机器人的不同部分，简单来说，运动规划组是机器人的一组关节或者连杆，被规划用于达成连杆或者末端执行的目标姿势。

下面我们以添加 PR2 机器人右臂规划组为例，演示其操作过程如下：

(1) 单击界面左侧 Planning Groups 并点击 Add Group，出现图 7.26 所示界面。

(2) Group Name：将规划组命名为 right_arm。

(3) Kinematic Solver：选择 kdl_kinematics_plugin/KDLKinematicsPlugin 作为运动学求解器。

(4) 保持 Kin.Search Resolution、Kin.Search Timeout 以及 Kin.Solver Attempts 为默认值。

(5) 点击 Add Joints 按钮，界面左侧将出现一列关节列表，将属于右机械臂的关节筛选至右侧的空列表中，如图 7.27 所示。由于左侧列表是按照字母顺序排列，这简化了筛选的过程。在筛选的过程中，右侧的机器人将高亮显示你选择的关节，你可以调整观察视角，以确定每个关节的位置。筛选过程结束后，点击 Save 完成右臂规划组的定义。

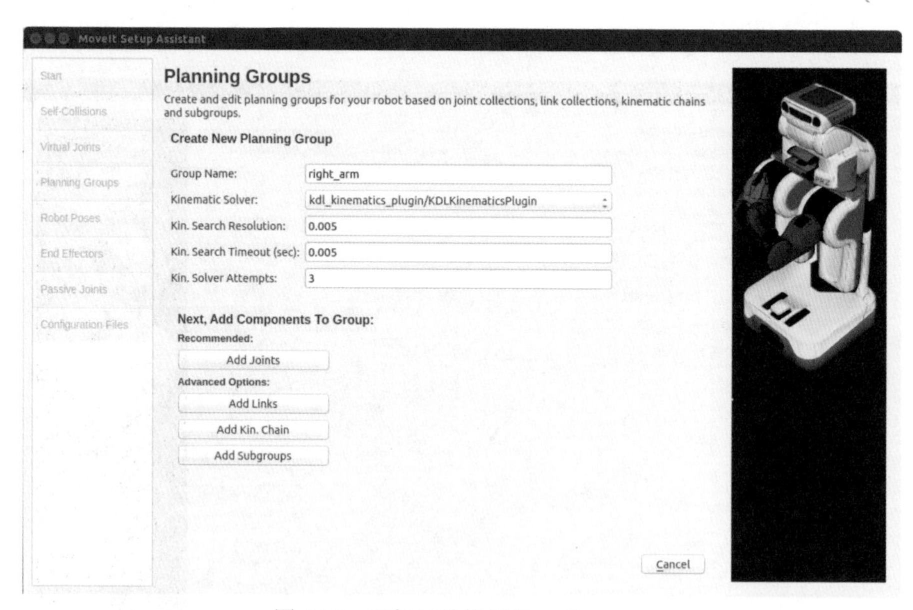

图 7.26　添加运动规划组 right_arm

接下来，按照同样的方法定义左臂规划组后，还需要对机械臂末端执行器添加规划组。左右两个末端执行器规划组的添加方法类似，下面以右臂的末端执行器规划组定义为例，演示其具体步骤如下：

(1) 单击界面左侧 Planning Groups 并点击 Add Group。

(2) Group Name: 将规划组命名为 right_gripper。

(3) Kinematic Solver: 由于末端执行器不需要进行运动学求解，这里选择 None。

(4) 保持其他参数为默认值。

(5) 点击 Add Joints 按钮，选择属于末端执行器的关节，如图 7.28 所示。筛选过程结束后，点击 Save 完成末端执行器规划组的定义。

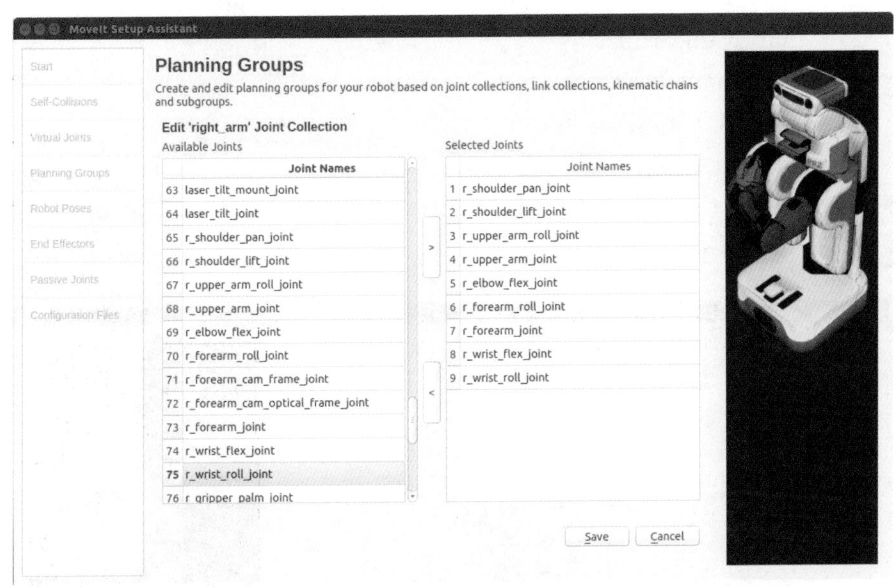

图 7.27 筛选关节添加至运动规划组

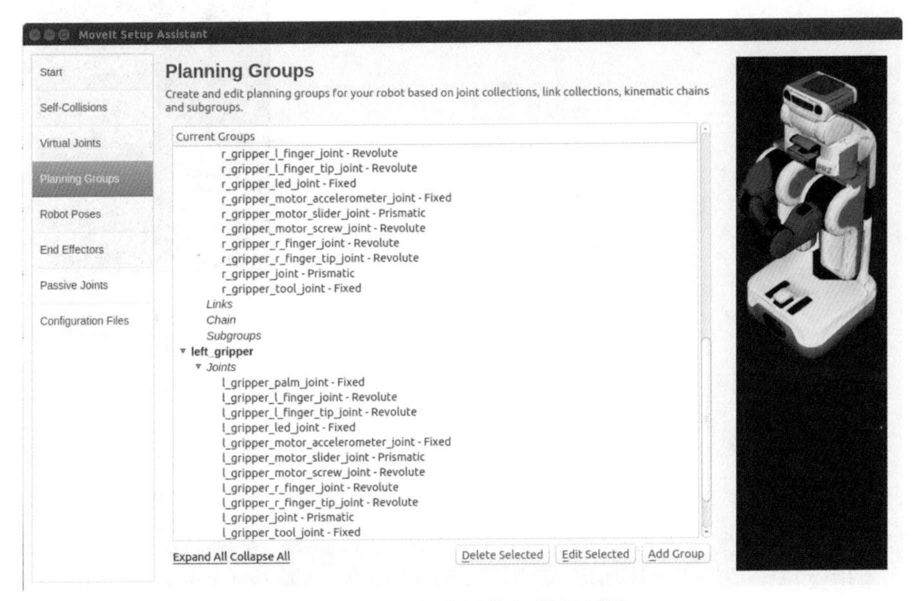

图 7.28 添加末端执行器规划组

为了实现对机器人双臂进行规划，还需要添加双臂规划组 arms，将左臂与右臂添加至该规划组中。进行如下设置：

(1) 单击界面左侧 Planning Groups 并点击 Add Group。

(2) Group Name:arms。

(3) Kinematic Solver:None。

(4) 保持其他选项为默认值。

(5) 点击 Add Subgroups 按钮，如图 7.29 所示，将 Available Subgroups 栏中的 left_arm 和 right_arm 添加到 Selected Subgroups 栏中，点击 Save，完成双臂规划组的定义。

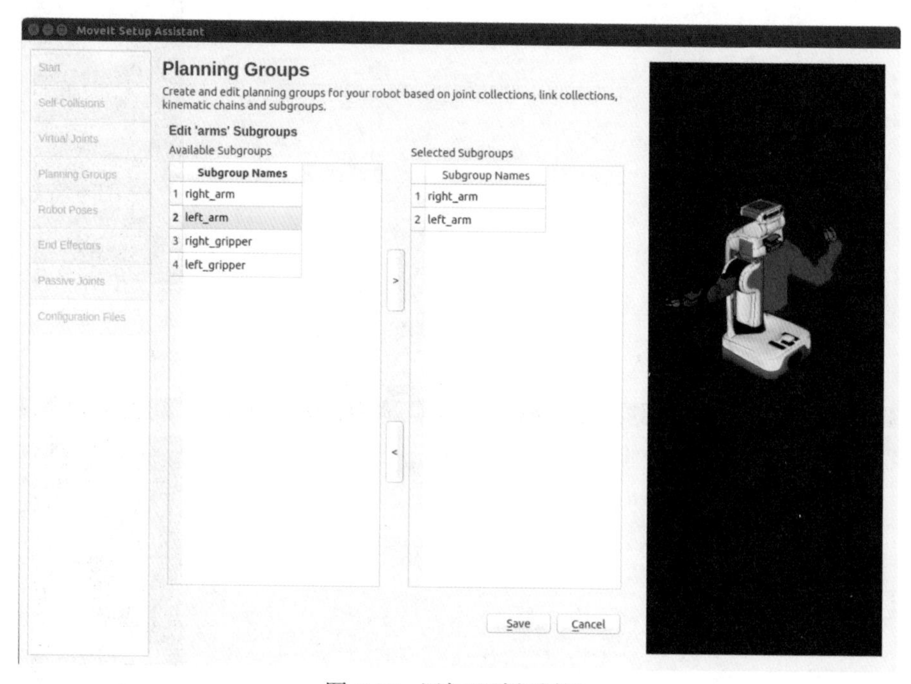

图 7.29　添加双臂规划组

5. 定义机器人位姿

安装向导允许在配置中为机器人定义指定的位姿。在某些应用函数的编写中，我们可以将这个位姿作为函数进行调用，这对于编写 MoveIt! 的 API 函数有很大帮助，因为如果这些特定位姿属于常用位姿，则不需要为达到这种特定位姿指定每个关节的期望值，简化了代码的长度。将这种定义的位姿称为组状态 (Group State)。机器人可以方便地在不同的组状态之间切换。图 7.30 所示为位姿定义界面，具体步骤如下：

(1) 点击界面左侧 Robot Poses 按钮。

(2) 点击 Add Pose 选择规划组名称，并输入指定位姿的名称。为规划组内的每个关节选择指定的参数，右侧将显示与设定值对应的机器人位姿状态。

(3) 位姿调整完成后点击 Save 生成指定位姿。可以为一个规划组定义多个指定位姿。

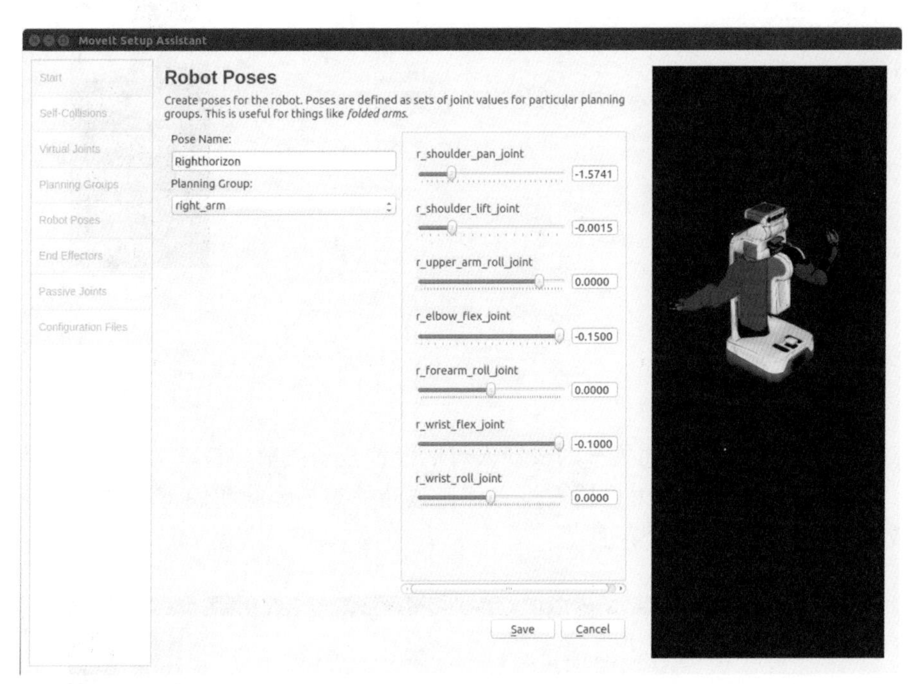

图 7.30 定义机器人指定位姿

6. 设置机器人末端执行器

在定义末端执行器规划组的基础上，还需要创建末端执行器 (图 7.31)。具体操作如下：

(1) 点击界面左侧 End Effectors 按钮。

(2) 点击 Add End Effector 输入末端执行器名称 right_eef，选择末端执行器规划组为 right_gripper。

(3) 选择 r_wrist_roll_link 为父连杆。Parent Group 栏留空。

(4) 点击 Save 生成右臂末端执行器，用类似的方法创建左臂末端执行器。

末端执行器与末端执行器规划组的区别在于，前者用于调整末端执行器的位姿，后者用于控制末端执行器的运动。

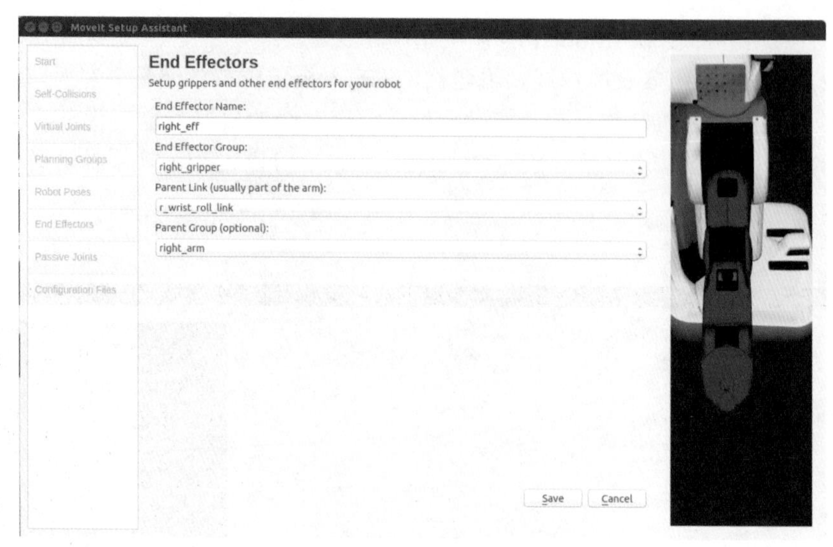

图 7.31　设置机器人末端执行器

7. 设置机器人被动关节

对于可能存在的被动关节的机器人可以设置被动关节。被动关节中不存在驱动，因此无法控制。PR2 机器人没有任何被动关节，因此我们将跳过这个步骤。图 7.32 为被动关节设置界面。

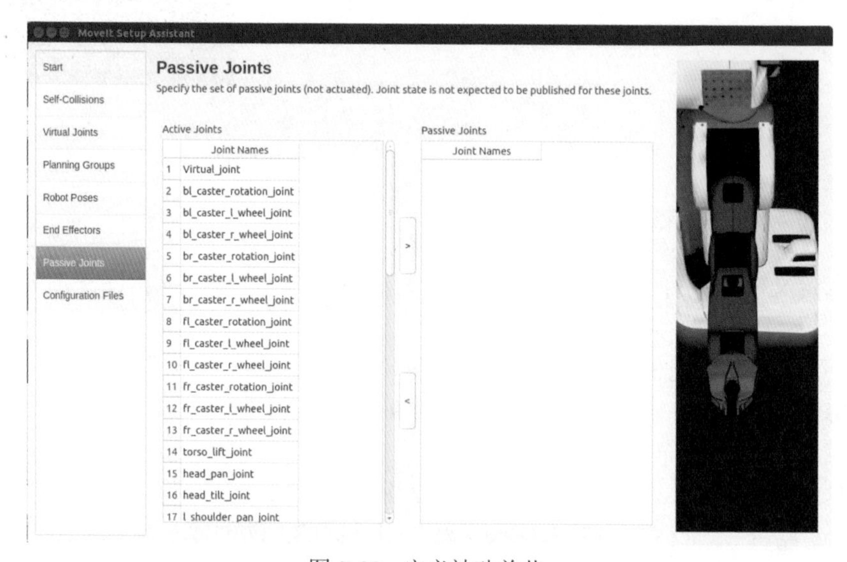

图 7.32　定义被动关节

8. 生成配置文件

下面介绍如何生成包含配置文件的功能包，点击界面左侧的 Configuration Files，出现图 7.33 所示界面。点击 Browse 按钮来选择功能包的生成位置。在本例中我们将文件夹命名为 pr2_moveit_generated。点击 Generate Package 按钮，将在指定目录中生成配置文件。创建完毕后，即可点击 Exit Setup Assistant 退出安装向导。

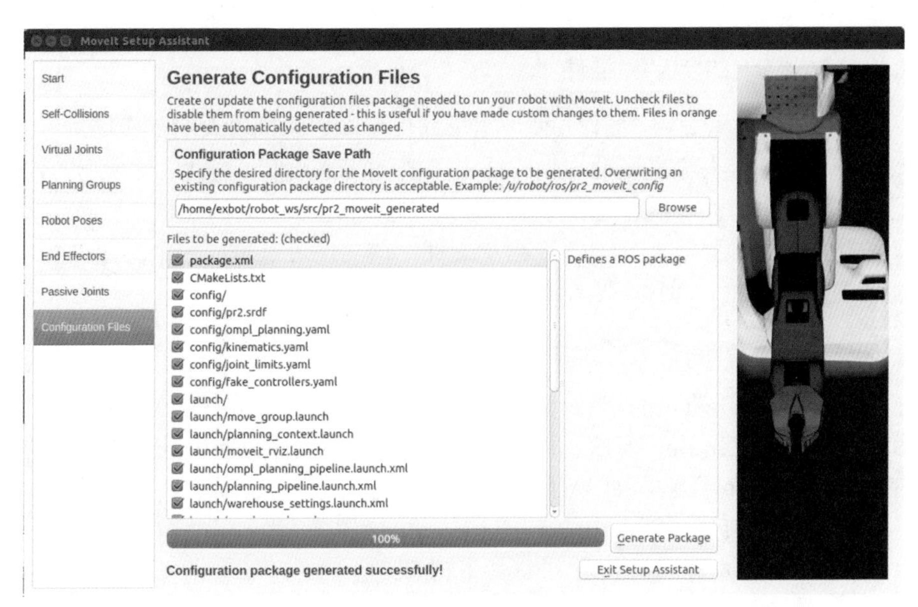

图 7.33 生成配置文件

将生成的配置功能包拷贝至 ROS 的工作空间中，或者在生成时选择工作空间目录 (本例的工作空间目录为 ~/home/exbot/robot_ws)。通过 catkin_make 命令创建运行程序，并在终端中更新环境变量，确保 ROS 能够运行文件，具体代码如下：

```
cd ~/home/exbot/robot_ws
catkin_make
source devel/setup.bash
```

每打开一个新的终端，都要输入上述命令行才能够运行该功能包文件，这是比较麻烦的。如果想在每次启动新的终端时，不用重新设置该环境变量，我们可以将 “source devel/setup.bash” 加入 ~/.bashrc 文件中：

```
gedit ~/.bashrc
```

在文件中加入“source (工作空间路径)/devel/setup.bash”,建议加入注释 (#) 对该行进行说明，便于后续修改。至此，我们完成了功能包文件的创建。下一节将对生成的功能包进行基本的测试，以及使用该功能包进行机器人运动规划的工作。如果需要对已经存在的功能包进行修改，则进入安装向导点击 Edit Existing MoveIt! Configuration Package，选择机器人功能包路径即可。

7.4 使用 RViz 插件测试 MoveIt! 功能包

7.4.1 MoveIt! 的 RViz 插件

MoveIt! 提供了 RViz 插件，使用这个插件可以启动机器人的工作场景、生成运动规划、使机器人输出运动规划的结果可视化，直观地反映出运动规划的效果。

MoveIt! 的配置功能包包括了在 RViz 中实现运动规划的配置文件和启动文件。在功能包中包括了一个 demo 启动文件，该文件可以生成一个界面来展现出功能包的所有功能。通过下列命令调用 demo.launch：

```
roslaunch pr2_moveit_generated demo.launch
```

出现如图 7.34 所示的 RViz 界面，与普通的 RViz 界面的区别在于该界面中增加了 Motion Planning 窗口。下面介绍如何使用该插件完成机械臂的运动规划。在左侧的 Displays 栏进行如下的设置。

(1) 将 Global Options 中的 Fixed Frame 设置为 “/odom_combined”。

(2) 在 Motion Planning 中进行如下设置：

- 设置 “Robot Description” 为 “robot_description”。
- 设置 “Planning Scene Topic” 为 “/move_group/monitored_planning_scene”。
- 将 “Planning Request” 中的 “Planning Group” 设置为 “right_arm”。
- 将 “Planned Path” 中的 “Trajectory Topic” 设置为 “/move_group/display_planned_path”。

虚拟场景中会显示四个不同的可视化内容：

(1) 机械臂运动规划的初始位姿 (以绿色代表其规划组)。

(2) 机械臂运动规划的目标位姿 (以橙色代表其规划组)。

(3) 机器人手臂的当前状态。

(4) 机器人的规划路径。

使用左侧 Displays 栏中的复选框 (图 7.35) 可以控制 4 种可视化内容的显示：

(1) 选择 “Query Start State” 复选框显示初始位姿。

(2) 选择 “Query Goal State” 复选框显示目标位姿。

(3) 在 “Scene Robot” 中选择 “Show Robot Visual” 复选框，显示机器人手臂当前状态。

(4) 在 “Planned Path” 中选择 “Show Robot Visual” 复选框，显示机器人的规划路径。

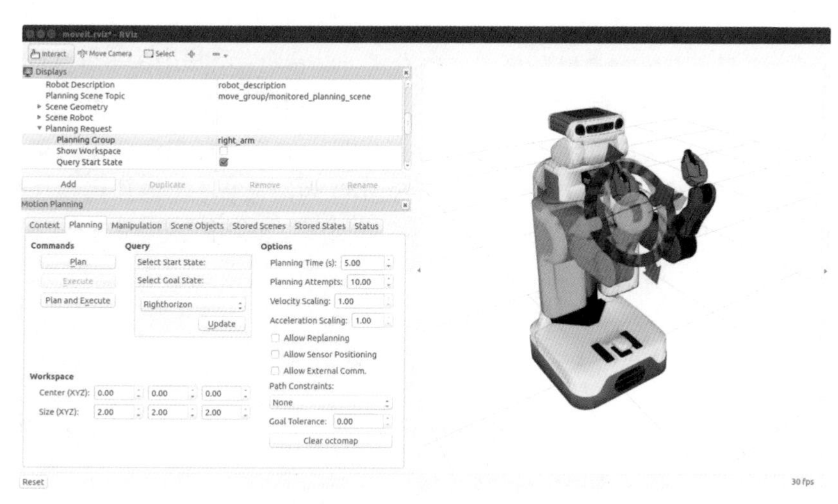

图 7.34 demo.launch 运行结果

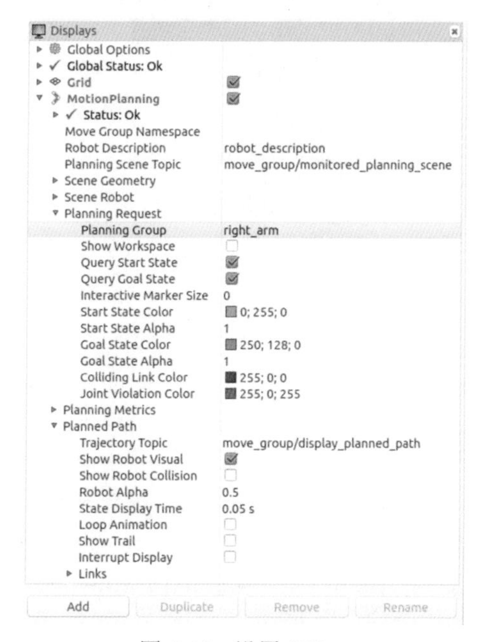

图 7.35 设置 RViz

7.4.2 路径规划

接下来对机器人手臂的初始位姿和目标位姿进行设置。点击 RViz 菜单栏中的 Interact 按钮，将会在机器人右臂出现一组交互标记，该交互标记包括 3 个圆环以及中心位置的球状点。该球状点用于调整机械臂末端在 x, y, z 方向的位置，三个圆环用于控制末端相对于 x, y, z 方向的旋转角度。

由于进入界面后，在虚拟场景中还没有通过颜色显示出初始位姿与目标位姿。设置初始位姿时，使 “Query Start State” 为勾选状态，“Query Goal State” 为未选择状态，显示绿色的初始位姿，操作虚拟场景中的交互标记调整机械臂的初始位姿。设置目标位姿时，使 “Query Goal State” 为勾选状态，操作虚拟场景中的交互标记调整机械臂的目标位姿。设置完毕后如图 7.36 所示。

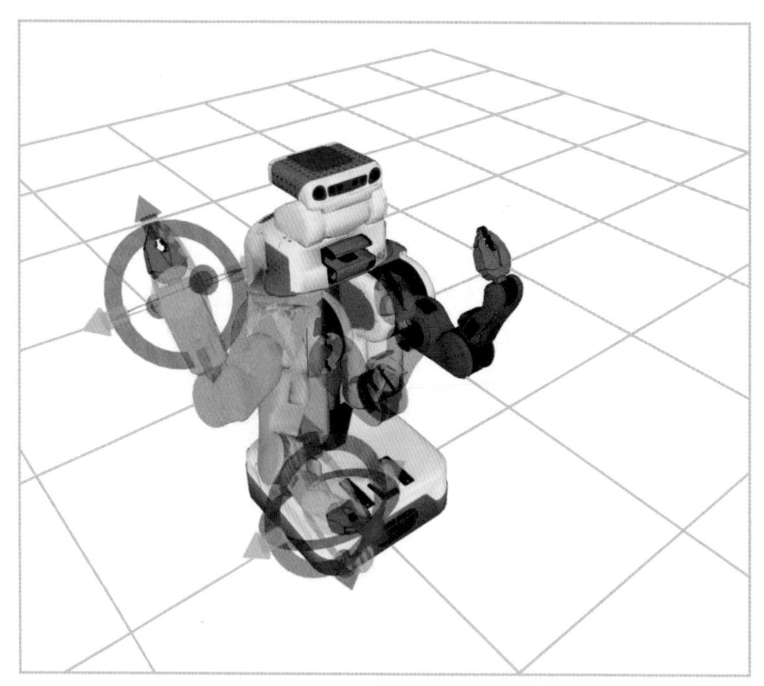

图 7.36 设置机器人初始位姿和目标位姿

设置完毕后，在左下方 Motion Planning 栏中选择 Planning 标签，点击 Plan 按钮，进行路径规划。在虚拟场景中会观察到机械臂从初始位姿运动到目标位姿，如果勾选了 Planned Path 中的 Loop Animation，点击 Plan 按钮后将重复沿规划路径的运动。如果选择 Displays 栏 Planned Path 中的 “Show Trail”，运动过程中会显示出机械臂的运动轨迹。如图 7.37 所示。

在上一节使用安装向导配置 MoveIt! 功能包时，定义了机器人的指定姿势

Righthorizon 与 Lefthorizone，将显示在 Query 栏的下拉列表中。选择 Query 中所列出的姿势名称，点击 update 按钮，可以分别对初始位姿和期望位姿进行设置，如图 7.38 所示。

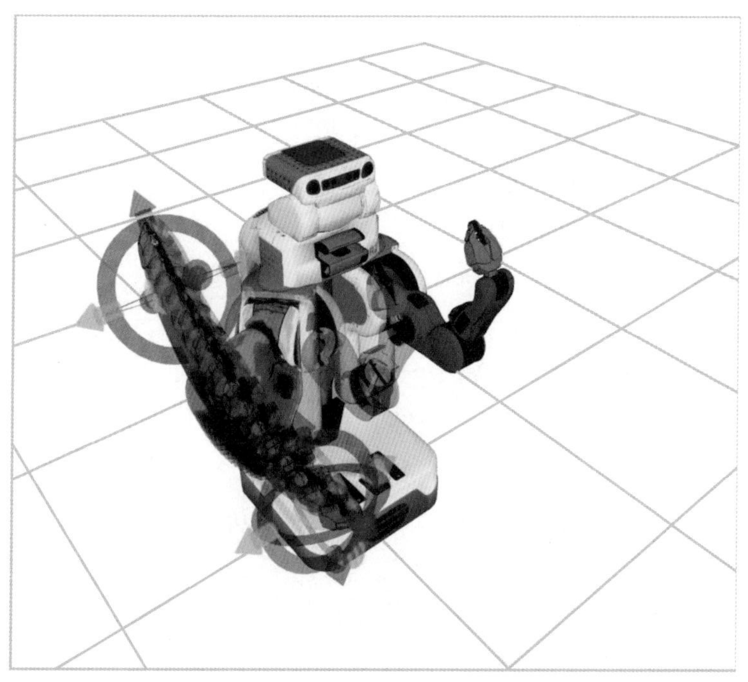

图 7.37　显示机械臂运动轨迹

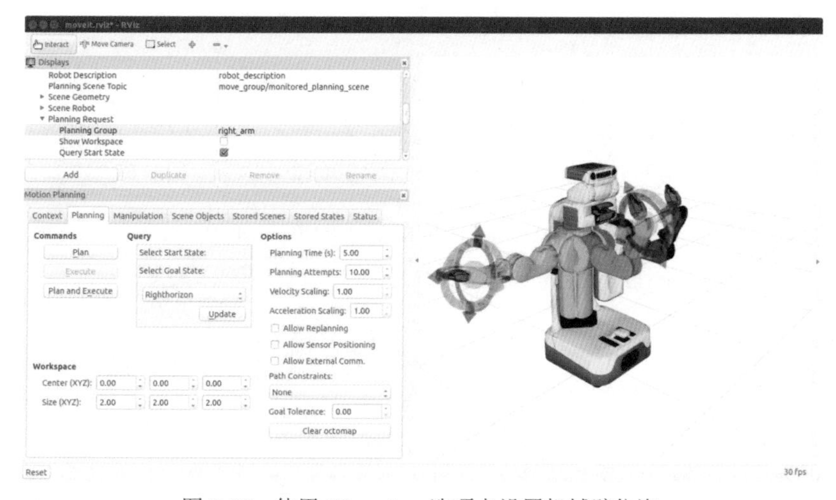

图 7.38　使用 Planning 选项卡设置机械臂位姿

7.5 使用命令行测试 MoveIt! 功能包

可以采用命令行的方式测试 PR2 机器人功能包的基本功能。与上一节相同，需要使用 demo、launch 打开 RViz 界面，输入以下命令：

```
roslaunch pr2_moveit_generated demo.launch
```

取消勾选 “Query Start State” 以及 “Query Goal State”，这样可以更加清楚地观察到虚拟场景中机械臂进行运动规划的过程。

启动 MoveIt! 命令行接口：

```
rosrun moveit_commander moveit_commander_cmdline.py
```

等待终端窗口处出现 “>”，说明进入了命令行模式，可以通过输入 help 获取命令说明，下面介绍其中部分命令。

(1) 使用 use 命令选择 “right_arm” 为当前规划组：

```
>use right_arm
```

输入后界面将显示如下内容说明规划组设置成功：

```
[ INFO] [1471252331.170696144]: Ready to take MoveGroup
commands for group right_arm.
OK
```

(2) 下面通过使用 “go” 命令控制机械臂到一个指定的位置，如控制右机械臂到一个随机的位置，输入：

```
right_arm> go rand
```

运行结果如下：

```
Moved to random target [-1.46767482253 0.751659302691 0.246315160301
    -1.74609167464 1.81021289731 -1.5458823981 -2.40978704281]
```

还可以移动至一个指定位置，如 “Righthorizon”，输入：

```
right_arm> go Righthorizon
```

运行结果如下：

```
Moved to Righthorizon
```

同时机械臂移动至定义的水平位置。

(3) 使用 current 命令可以查看机械臂的当前位姿，并将关节角度信息、末端位姿信息显示出来。在命令行输入：

```
right_arm> current
```

显示运行结果如下：

```
joints = [0.0 0.0 0.0 -1.13565 0.0 -1.05 0.0]
r_wrist_roll_link pose = [
    header:
      seq: 0
      stamp:
        secs: 1471259962
        nsecs: 944802999
      frame_id: /odom_combined
    pose:
      position:
        x: 0.585315333893
        y: -0.188
        z: 1.25001048644
      orientation:
        x: -0.0
        y: -0.887929895957
        z: -0.0
        w: 0.459978803714 ]
r_wrist_roll_link RPY = [3.141592653589793, -0.9559426535897931,
    3.141592653589793]
```

joints 列出了机械臂各个关节的当前角位移 (弧度)，末端执行器 r_wrist_roll_link 在笛卡儿空间的位姿信息。末端执行器相对于 xyz 轴的转角 r_wrist_roll_link RPY。

我们输入：

```
right_arm> record cjoint
```

返回运行结果：

```
Remembered current joint values under the name curjt
```

改变关节目标值：

```
right_arm> cjoint[0]=0.3
```

返回运行结果：

```
Updated cjoint[0]
```

控制机械臂运动至目标值：

```
right_arm> go cjoint
Moved to cjoint
```

在 RViz 中可以观察到机械臂运动。

7.6 使用 MoveIt! API 接口实现路径规划

move_group_interface 是基本的 MoveIt! 用户接口，本节中将介绍通过 C++ 使用 MoveIt! 接口。一般而言，无论是使用 C++ 接口或者是 Python 编写，节点的执行过程可大致分为如下几个步骤：

(1) 连接至需要控制的规划组。

(2) 设置末端执行器的关节空间目标位姿或笛卡儿坐标系中的目标位姿。

(3) 根据需要对运动约束进行设计。

(4) 命令 MoveIt! 根据目标位姿规划运动轨迹。

(5) 根据需要对轨迹进行修改。

(6) 执行规划轨迹。

在开源代码库 Git 中下载 PR2 功能包集，其中包括与 MoveIt! 接口有关的 cpp 文件。在终端窗口上运行下列命令：

```
cd ~/catkin_ws/src
git clone https://github.com/ros-planning/moveit_pr2.git
```

功能包目录/catkin_ws/src/moveit_pr2/pr2_moveit_tutorials/planning/src 中的 move_group_interface_tutorial.cpp 文件实现了机械臂的运动规划及避障功能。下面对其中部分代码进行解释：

在进行运动规划之前，需要进行一些全局设置。定义一个 MoveGroup 类的对象 group，通过使用规划组名称来启动需要进行控制和规划的规划组。

```
moveit::planning_interface::MoveGroup group("right_arm");
```

还需要对虚拟场景进行设置，这里使用 PlanningSceneInterface 类定义的对象来对虚拟场景世界进行操作，比如在虚拟场景中添加或删除障碍物。

```
moveit::planning_interface::PlanningSceneInterface
   planning_scene_interface;
```

接下来创建一个话题发布器，这个话题能够让我们规划的路径在 RViz 中显示出来。

```
ros::Publisher display_publisher = node_handle.advertise
<moveit_msgs::DisplayTrajectory>("/move_group/display_planned_path",
     1, true);
```

```
moveit_msgs::DisplayTrajectory display_trajectory;
```

在上述设置以后，我们可以开始尝试使用 API 函数进行运动规划。

1. 根据末端位姿规划机械臂运动使用 MoveIt! API 接口实现路径规划

下述代码定义了机器人末端位姿的信息，并通过该信息对机械臂进行运动规划。

```
geometry_msgs::Pose target_pose1;//定义位姿消息对象
target_pose1.orientation.w = 1.0;
target_pose1.position.x = 0.28;
target_pose1.position.y = -0.7;
target_pose1.position.z = 1.0; //消息内容
group.setPoseTarget(target_pose1); //设置末端位置
moveit::planning_interface::MoveGroup::Plan my_plan;
bool success = group.plan(my_plan);//调用规划器进行运动规划
ROS_INFO("Visualizing plan 1 (pose goal)\%s",success?"":"FAILED");//
    成功返回1
sleep(5.0);//为规划结果显示预留时间
```

geometry_msgs/Pose 消息类型中包含 7 个元素，包括表示位置 (position) 的 3 个元素与使用四元素法表示指向 (orientation) 的 4 个元素。本例中取 w=1 时，其他 3 个指向元素为 0，可以不进行赋值操作。该位姿对应不发生旋转的纯平移情况。如果改变 target_pose1 消息对象中各元素的取值，可以通过 setPoseTarget 函数设置不同的末端位姿。

通过 roslaunch 运行 demo 文件，在新的终端中运行上述代码生成的可执行文件。在 RViz 中可以观察到机械臂的运动。上述规划方法与使用 MoveIt! 插件进行规划的结果类似。虽然采用插件进行路径规划的方式比较简单，但无法输入准确的位姿信息。API 接口实现运动规划的方便之处在于，能够使用特定的算法根据机器人的传感器信息计算出目标位姿，同时将位姿消息传递给路径规划函数。需要注意的是，我们仅实现了机械臂路径规划，而没有根据规划结果进行实际的运动。

如果我们拥有已经规划完成的路径信息，需要在 RViz 中呈现出来，可以在 cpp 文件中输入下列语句：

```
ROS_INFO("Visualizing plan 1 (again)");
display_trajectory.trajectory_start = my_plan.start_state_;//已有规
    划读取初始位姿
display_trajectory.trajectory.push_back(my_plan.trajectory_);//将已
    有规划轨迹赋值给轨迹信息
```

```
display_publisher.publish(display_trajectory);
sleep(5.0);//展示轨迹，并预留时间
```

2. 关节空间规划

除了通过设置末端位姿实现空间规划外，还可以通过对每个关节空间进行运动规划。关节空间规划指的是对机械臂的各个关节进行角位移、角速度、角加速度或力矩等的规划，以满足特定的控制要求。下面对 demo 文件中实现关节空间规划的相关代码进行解释。

```
std::vector<double> group_variable_values;//定义存储关节变量值的向量
    对象
group.getCurrentState()->
copyJointGroupPositions(group.getCurrentState()
->getRobotModel()
->getJointModelGroup(group.getName()),group_variable_values); //获取
    group 指定的规划组中，各关节的变量值并存入对象
group_variable_values[0] = -1.0;//改变关节的位姿1
group.setJointValueTarget(group_variable_values); //设置关节目标位姿
success = group.plan(my_plan);//进行运动规划
ROS_INFO("Visualizing plan 2 (joint space goal)\%s",success?"":"
    FAILED");
sleep(5.0);//为规划结果显示预留时间
```

3. 路径约束规划

使用路径约束规划可以限制机械臂的运动轨迹，避免与物体发生碰撞。在进行路径约束规划时，首先对约束进行定义：

```
moveit_msgs::OrientationConstraint ocm;//moveit_msgs类型对象
    OrientationConstraint
ocm.link_name = "r_wrist_roll_link"; //与约束相关Link名称
ocm.header.frame_id = "base_link"; //head名称ID
ocm.orientation.w = 1.0;
ocm.absolute_x_axis_tolerance = 0.1;
ocm.absolute_y_axis_tolerance = 0.1;
ocm.absolute_z_axis_tolerance = 0.1; //绝对误差容忍阈值
ocm.weight = 1.0; //约束的权重因子
```

得到定义的约束后，将该约束设置为规划组的路径约束，如本节开头部分所述，已经将 “right_arm” 设置为 group 规划组。

```
moveit_msgs::Constraints test_constraints;//类约束对象Constraints
```

```
test_constraints.orientation_constraints.push_back(ocm);//添加方向约
    束ocm
group.setPathConstraints(test_constraints); //设置路径约束
```

Constraints 类定义的约束对象内包括了四类约束：关节约束、位置约束、方向约束、可见约束。本例中仅指定了方向约束。为了在上述规划路径中控制机械臂运动，需要修改机械臂初始状态。

```
robot_state::RobotState start_state(*group.getCurrentState());
geometry_msgs::Pose start_pose2;
start_pose2.orientation.w = 1.0;
start_pose2.position.x = 0.55;
start_pose2.position.y = -0.05;
start_pose2.position.z = 0.8;
const robot_state::JointModelGroup *joint_model_group =
start_state.getJointModelGroup(group.getName());
start_state.setFromIK(joint_model_group, start_pose2);
group.setStartState(start_state); //重设机械臂初始状态
```

修改完毕后，在约束路径下进行重新规划。实验完毕后清除约束路径。

```
group.setPoseTarget(target_pose1);//设置目标位姿
success = group.plan(my_plan);//调用规划器进行运动规划
ROS_INFO("Visualizing plan 3 (constraints)\%s",success?"":"FAILED");
sleep(10.0);
group.clearPathConstraints();//清除约束路径
```

4. 笛卡儿空间轨迹规划

为了规划末端在笛卡儿空间的运动轨迹，完成复杂的任务，需要在机械臂末端设置一系列目标位姿，这些目标位姿形成笛卡儿空间轨迹，一般将多个目标位姿存储在数组中，进行路径规划。

```
std::vector<geometry_msgs::Pose> waypoints;
geometry_msgs::Pose target_pose3 = start_pose2;//定义初始位姿
target_pose3.position.x += 0.2;
target_pose3.position.z += 0.2;
waypoints.push_back(target_pose3); //定义第1个目标位姿
target_pose3.position.y -= 0.2;
waypoints.push_back(target_pose3); //定义第2个目标位姿
target_pose3.position.x += 0.1;
target_pose3.position.z += 0.1;
waypoints.push_back(target_pose3); //定义第3个目标位姿
```

```
target_pose3.position.x -= 0.2;
target_pose3.position.z += 0.2;
waypoints.push_back(target_pose3); //定义第4个目标位姿
target_pose3.position.z -= 0.2;
target_pose3.position.y += 0.2;
target_pose3.position.x -= 0.2;
waypoints.push_back(target_pose3);//定义第5个目标位姿
moveit_msgs::RobotTrajectory trajectory;
double fraction = group.computeCartesianPath(waypoints,0.01,0.0,
    trajectory);//计算笛卡儿运动轨迹
ROS_INFO("Visualizing plan 4 (cartesian path) (\%.2f\%\% acheived)",
    fraction * 100.0);
sleep(15.0);
```

图 7.39 所示为笛卡儿空间轨迹规划。

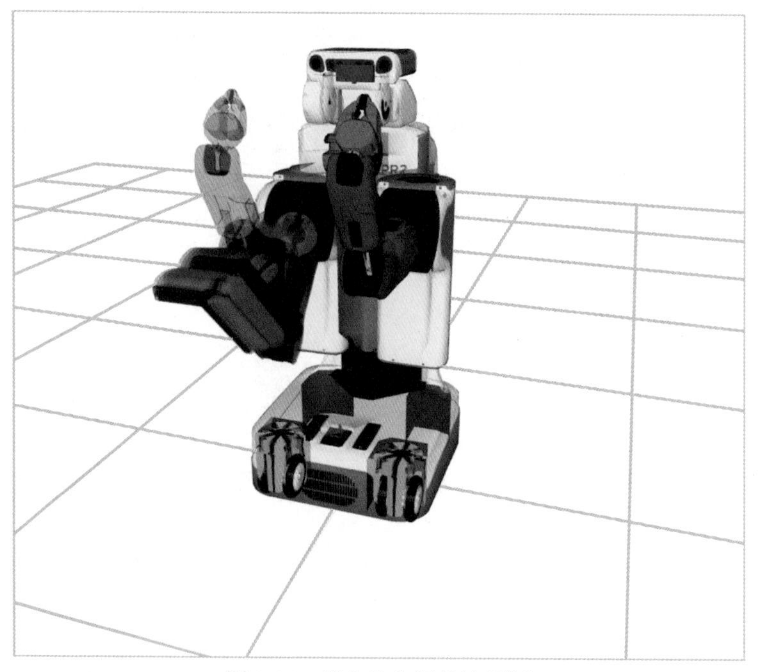

图 7.39　笛卡儿空间轨迹规划

5. 避障

可以通过 API 函数在虚拟场景中添加定义尺寸的障碍物。障碍物由 shape_msgs/SolidPrimitive 类型定义，该类型可以定义长方体、圆柱、圆锥，三种形状的障碍物。本例中选择长方体形状的障碍物。

```
moveit_msgs::CollisionObject collision_object;
collision_object.header.frame_id = group.getPlanningFrame();
collision_object.id = "box1"; //定义障碍物名称
shape_msgs::SolidPrimitive primitive;
primitive.type = primitive.BOX; //定义障碍物类型为box
primitive.dimensions.resize(3);//定义长宽高值
primitive.dimensions[0] = 0.4;
primitive.dimensions[1] = 0.1;
primitive.dimensions[2] = 0.4;
geometry_msgs::Pose box_pose;//设置障碍物位姿
box_pose.orientation.w = 1.0;
box_pose.position.x =  0.6;
box_pose.position.y = -0.4;
box_pose.position.z =  1.2;
collision_object.primitives.push_back(primitive); //保存障碍物类型、
    尺寸信息
collision_object.primitive_poses.push_back(box_pose); //保存障碍物位
    姿信息
collision_object.operation = collision_object.ADD;
std::vector<moveit_msgs::CollisionObject> collision_objects;//定义向
    量，类型为moveit_msgs/CollisionObject
collision_objects.push_back(collision_object);//更新障碍物collision_
     object
ROS_INFO("Add an object into the world");
planning_scene_interface.addCollisionObjects(collision_objects);//通
    过场景交互界面函数实现障碍物添加
sleep(2.0);//预留观察时间
group.setPlanningTime(10.0);//设置规划时间
```

如图 7.40 所示，障碍物为长方体情况下的路径规划。

如果对上述代码作如下修改，可定义圆锥形状障碍物：

```
moveit_msgs::CollisionObject collision_object;
collision_object.header.frame_id = group.getPlanningFrame();
collision_object.id = "cone1"; //障碍物名称
shape_msgs::SolidPrimitive primitive;
primitive.type = primitive.CONE;  //障碍物类型为cone
primitive.dimensions.resize(2);//定义圆锥尺寸
primitive.dimensions[0] = 0.4; //圆锥高度
primitive.dimensions[1] = 0.12; //圆锥地面半径
geometry_msgs::Pose cone_pose;//障碍物位姿
```

```
cone_pose.orientation.w = 1.0;
cone_pose.position.x =  0.6;
cone_pose.position.y = -0.4;
cone_pose.position.z =  1.2;
collision_object.primitives.push_back(primitive); //障碍物类型尺寸信息
collision_object.primitive_poses.push_back(cone_pose);//障碍物位姿信息
collision_object.operation = collision_object.ADD;
std::vector<moveit_msgs::CollisionObject> collision_objects;//定义向
    量类型
collision_objects.push_back(collision_object);//更新障碍物collision_
    object
ROS_INFO("Add an object into the world");
planning_scene_interface.addCollisionObjects(collision_objects);//通
    过场景交互界面函数实现障碍物添加
sleep(2.0);//预留观察时间
group.setPlanningTime(10.0);//设置规划时间
```

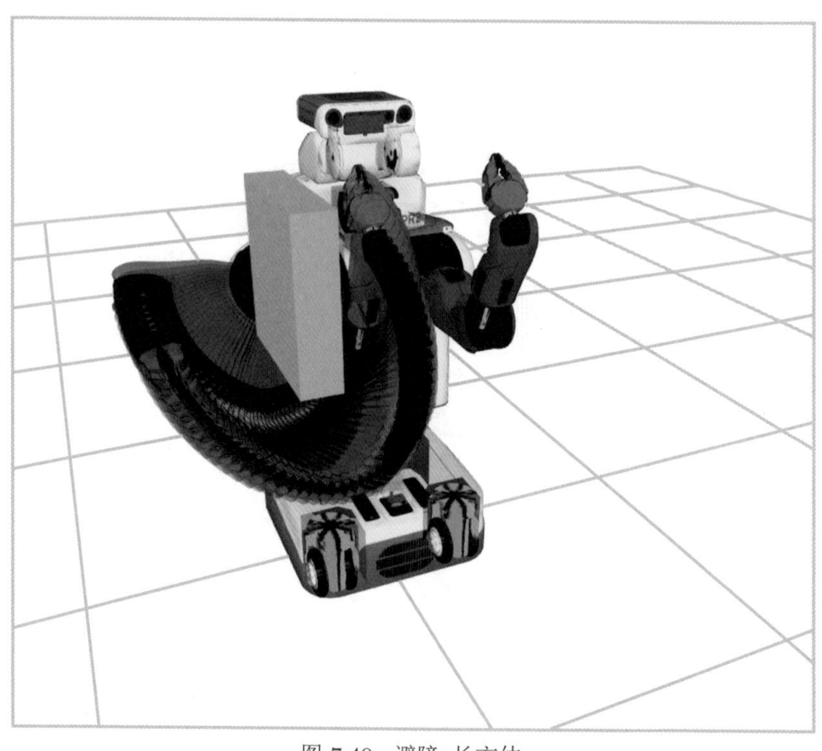

图 7.40　避障–长方体

如图 7.41 所示，障碍物为圆锥情况下的路径规划。

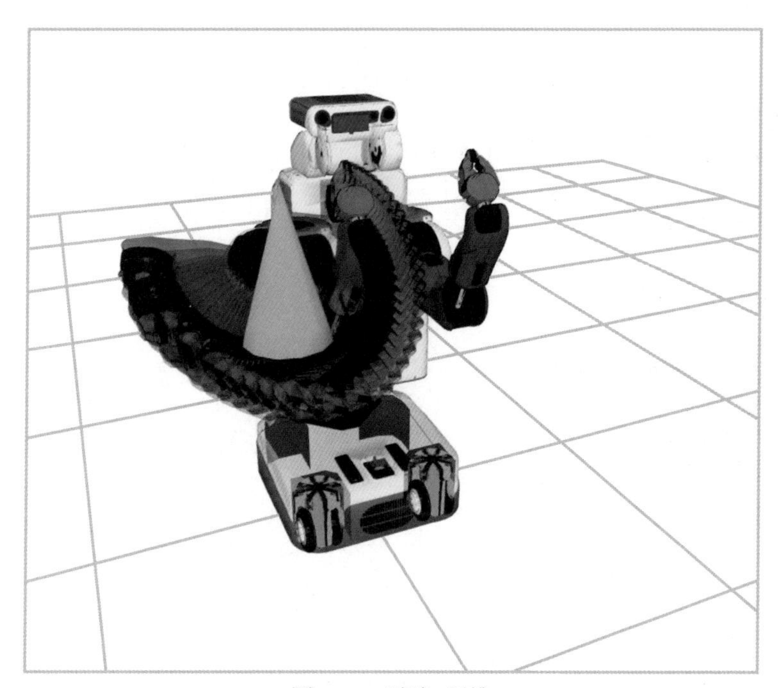

图 7.41 避障–圆锥

在障碍环境中重新进行路径规划。

```
1  group.setStartState(*group.getCurrentState());
2  group.setPoseTarget(target_pose1);
3  success = group.plan(my_plan);
4  ROS_INFO("Visualizing plan 5 (pose goal move around obstacle) %
       s",
5  success?"":"FAILED");
6  sleep(10.0);
7
8  ROS_INFO("Attach the object to the robot");
9  group.attachObject(collision_object.id);  //使障碍物与规划组相
       关联
10 sleep(4.0);
11
12 ROS_INFO("Detach the object from the robot");
13 group.detachObject(collision_object.id);//取消障碍物与规划组的
       关联性
```

```
14 sleep(4.0);
15
16 ROS_INFO("Remove the object from the world");
17 std::vector<std::string> object_ids;
18 object_ids.push_back(collision_object.id);
19 planning_scene_interface.removeCollisionObjects(object_ids);//
       从场景中移除障碍物
20 sleep(4.0);
```

6. 双臂运动控制

```
1 moveit::planning_interface::MoveGroup two_arms_group("arms");//
      创建双臂规划组对象
2 two_arms_group.setPoseTarget(target_pose1, "r_wrist_roll_link")
      ;//设置右臂目标位姿target_pose1
3 geometry_msgs::Pose target_pose2;
4 target_pose2.orientation.w = 1.0;
5 target_pose2.position.x = 0.7;
6 target_pose2.position.y = 0.15;
7 target_pose2.position.z = 1.0;
8 two_arms_group.setPoseTarget(target_pose2, "l_wrist_roll_link")
      ;//设置左臂位姿target_pose2
9 moveit::planning_interface::MoveGroup::Plan two_arms_plan;
10 two_arms_group.plan(two_arms_plan);
11 sleep(4.0);//规划后显示运动轨迹
```

由于该规划组由两个子规划组组成，因此在指定末端位置时，需要明确指定关节的名称，在这里将关节名称作为 setPoseTarget 函数的第 2 个参数显式地写出，图 7.42 所示为机器人双臂运动规划。

7. 修改 CMakeLists 与 package 文件

在 CMakeLists.txt 文件中添加如下格式的内容：

```
1 find_package(catkin REQUIRED COMPONENTS
2     moveit_core
3     moveit_ros_planning
4     moveit_ros_planning_interface
5     pluginlib
6     cmake_modules
7     geometric_shapes)
8 find_package(Boost REQUIRED system filesystem date_time thread)
```

```
9  find_package(Eigen REQUIRED)
10 catkin_package(
11     CATKIN_DEPENDS
12     moveit_core
13     moveit_ros_planning_interface
14     interactive_markers)
15     add_executable(planningtest src/planningtest.cpp)
16 target_link_libraries(planningtest ${catkin_LIBRARIES} ${
       Boost_LIBRARIES})
17 include_directories(SYSTEM ${Boost_INCLUDE_DIR} ${
       EIGEN_INCLUDE_DIRS})
18 include_directories(${catkin_INCLUDE_DIRS})
19 link_directories(${catkin_LIBRARY_DIRS})
```

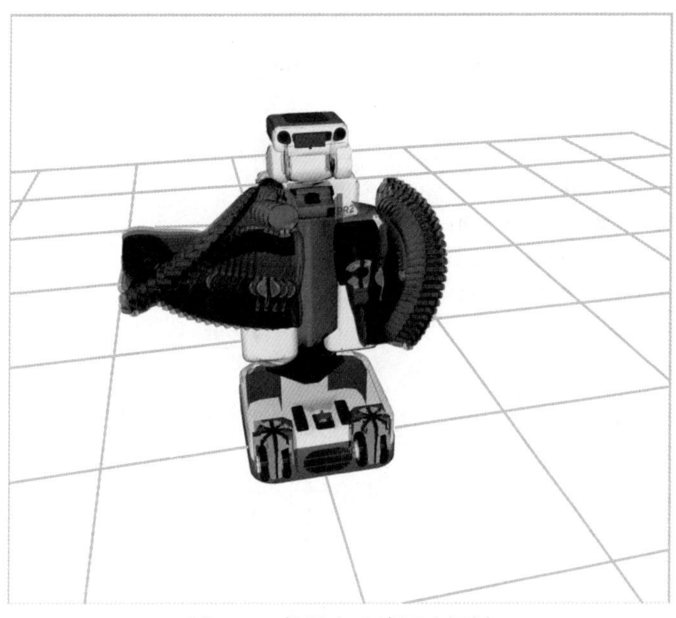

图 7.42 机器人双臂运动规划

在 package.xml 中添加如下内容:

```
1 <buildtool_depend>catkin</buildtool_depend>
2 <build_depend>pluginlib</build_depend>
3 <build_depend>moveit_core</build_depend>
4 <build_depend>moveit_ros_planning_interface</build_depend>
5 <build_depend>moveit_ros_perception</build_depend>
```

```
6 <build_depend>interactive_markers</build_depend>
7 <build_depend>cmake_modules</build_depend>
8 <build_depend>geometric_shapes</build_depend>
9 <run_depend>pluginlib</run_depend>
10 <run_depend>moveit_core</run_depend>
11 <run_depend>moveit_fake_controller_manager</run_depend>
12 <run_depend>moveit_ros_planning_interface</run_depend>
13 <run_depend>moveit_ros_perception</run_depend>
14 <run_depend>interactive_markers</run_depend>
15 <run_depend>pr2_arm_kinematics</run_depend>
16 <run_depend>pr2_moveit_config</run_depend>
17 <run_depend>pr2_moveit_plugins</run_depend>
```

8. 运行程序

可以通过分别运行 demo.launch 文件与 planningtest 文件观察运动规划的效果，或者将两者打包为一个 planningtest.launch 文件运行，内容如下：

```
1 <launch>
2     <include file= "$(find pr2_moveit_config)/launch/demo.
          launch"/>
3 <!-- 运行 demo.launch-->
4     <node name = "planningtest" pkg="planningtest"
5     type = "planningtest" output = "screen"/>
6 <!--"运行move_group_interface_tutorial-->
7 </launch>
```

通过本章的介绍，我们已经了解 MoveIt! 的安装、机器人功能包的配置以及应用。熟悉了使用 MoveIt! 插件和命令行测试机器人功能包的操作。通过使用 MoveIt! 的 API 接口进行编程，分别完成了机器人的末端位姿设置、关节空间规划、笛卡儿空间轨迹规划、避障以及双臂规划。仅需要设置末端位姿，或者笛卡儿坐标系中的多个位姿，MoveIt! 就可以自动地通过运动学解算器求解出空间规划的运动轨迹，简化了运动学计算过程。使用者只需要提供位置、速度、加速等的要求即可求出看似复杂的运动规划轨迹，这是基于 MoveIt! 平台集成的运动规划器实现的。此外，使用者还可以根据实际情况，对逆运动学求解算法进行修改，构造出高效的求解器，这也是 MoveIt! 的魅力所在。

参 考 文 献

[1] ROS 网站. http://www.ros.org/ [2021-08-15].

[2] 何炳蔚, 张立伟, 张建伟. 基于 ROS 的机器人理论与应用. 北京：科学出版社, 2017.

[3] 张建伟, 张立伟, 胡颖, 等. 开源机器人操作系统——ROS. 北京: 科学出版社, 2012.

[4] 刘品杰. ROS 机器人程序设计. 北京: 机械工业出版社, 2014.

[5] O'Kane J M. A Gentle Introduction to ROS//肖军浩译. 机器人操作系统 (ROS) 浅析. 北京：国防工业出版社，2015.

[6] Fernández E, Crespo L S, Mahtani A, et al. Learning ROS for Robotics Programming. 2nd ed. Birmingham: Packt Publishing Ltd., 2015.

[7] Goebel R P. ROS By Example(For ROS Indigo), volume 1. 2015.

[8] Joeph L. Learning Robotics Using Python. Birmingham: Packt Publishing Ltd., 2015.

[9] Joseph L. Mastering ROS for Robotics Programming. 1st ed. Birmingham: Packt Publishing Ltd., 2015.

[10] Koubaa A. Robot Operating System—The Complete Reference, volume 1. Berlin: Springer, 2016.

[11] O'Kane J M. A Gentle Introduction to ROS. 2014.

[12] Quigley M, Gerkey B, Smart W D. Programming Robots with ROS. 1st edition. Sebastopol: O'Reilly Media Inc., 2016.

[13] Player. http://playerstage.sourceforge.net/ [2021-08-15].

[14] CARMEN. http://carmen.sourceforge.net/ [2021-08-15].

[15] Orca. http://orca-robotics.sourceforge.net/ [2021-08-15].

[16] MOOS. http://www.robots.ox.ac.uk/ mobile/MOOS/wiki/pmwiki.php [2021-08-15].

[17] OpenRAVE. http://openrave.programmingvision.com/en/main/index.html [2021-08-15].

[18] Python. http://www.python.org/ [2021-08-15].

[19] roslua. http://github.com/timn/roslua [2021-08-15].

[20] Ubuntu. http://www.ubuntu.com/ [2021-08-15].

[21] Ubuntu 中文论坛. http://forum.ubuntu.org.cn/ [2021-08-15].

[22] YAML. http://www.yaml.org/ [2021-08-15].

[23] Gazebo. http://www.gazebosim.org/ [2021-08-15].

[24] SDF. http://sdformat.org [2021-08-15].

[25] Velodyne. https://velodynelidar.com/ [2021-08-15].

[26] Gazebo 网站中 Velodyne 模型创建. http://gazebosim.org/tutorials?cat=guided i&tut=guided i1 [2021-08-15].

[27] OpenCV. http://opencv.org/[2021-08-15].

[28] Chen Y, Medioni G. Object modelling by registration of multiple range images. IEEE Conference on Robotics and Automation,1991: 2724-2729.

[29] PCL. http://www. pointclouds.org/ [2021-08-15].

[30] Rusu R B, Cousins S. 3D is here: Point cloud library (PCL). IEEE International Conference on Robotics and Automation, Shanghai, 2011: 1-4.

[31] Muja M, Lowe D G. Fast approximate nearest neighbors with automatic algorithm configuration. International Conference on Computer Vision Theory and Application, 2009: 331-340.

[32] Fischler M A, Bolles R C. Random sample consensus: A paradigm for model fitting with applications to image analysis and automated cartography. Communications of the ACM, 1981, 24(6): 381-395.

[33] Eigen. http://eigen.tuxfamily.org [2021-08-15].

[34] Thrun S, Burgard W, Fox D. Probabilistic Robotics. Cambridge: MIT Press, 2005.

[35] Thrun S, Burgard W, Fox D. Probabilistic Robotics//曹红玉, 谭志, 史晓霞, 译. 概率机器人. 北京：机械工业出版社, 2017.

[36] Barfoot T D. State Estimation for Robotics. Cambridge: Cambridge University Press, 2018.

[37] 高翔, 谢晓佳. 机器人学中的状态估计. 西安：西安交通大学出版社, 2018.

[38] Stachniss C. Robotic Mapping and Exploration. Berlin: Springer, 2009.

[39] Whyte H D, Bailey T. Simultaneous localization and map-ping: Part I. IEEE Robotics & Automation Magazine, 2006, 13(2): 99-108.

[40] Bailey T, Whyte H D. Simultaneous localization and map-ping: Part II state of the art. IEEE Robotics & Automation Magazine, 2006, 13(3):108-117.

[41] Saeedi S, Trentini M, Li M S H. Multiple-robot simultaneous localization and mapping: A review. Journal of Field Robotics, 2016, 33(1): 3-46.

[42] Cadena C, Carlone L, Carrillo H , et al. Past, present, and future of simultaneous localization and mapping: Towards the robust-perception age. IEEE Transactions on Robotics, 2016, 32(6): 1309-1332.

[43] Fernandez-Madrigal J A, Claraco J L B. Simultaneous Localization and Mapping for Mobile Robots: Introduction and Methods. Hershey: IGI Global, 2013.

[44] OpenSLAM. https://openslam-org.github.io/ [2021-08-15].

[45] OMPL. http://ompl.kavrakilab.org/ [2021-08-15].

[46] Smith R C, Cheeseman P. On the representation and estimation of spatial uncertainty. International Journal of Robotics Research,1986, 5(4): 56-68.

[47] Grisetti G, Kümmerle R, Stachniss C, et al. A tutorial on graph-based SLAM. IEEE Intelligent Transpotation Systems Magazine, 2010, 2(4): 31-43.

[48] Dellaert F, Kaess M. Factor graphs for robot perception. Foundations and Trends in Robotics, 2017, 6(1): 1-139.

[49] Kostavelis I, Gasteratos A. Semantic mapping for mobile robotics tasks: A survey. Robotics and Autonomous Systems, 2015, 66: 86-103.